Sunil Kumar Mahla
B.S. Chauhan

Utilização de misturas de Di-Metil Carbonato-Diesel em motores de combustão interna

Sunil Kumar Mahla
B.S. Chauhan

Utilização de misturas de Di-Metil Carbonato-Diesel em motores de combustão interna

Avaliação do desempenho e caraterísticas das emissões de misturas DMC-diesel em motores de ignição por compressão

ScienciaScripts

RESUMO

Nos últimos anos, tem havido uma grande preocupação com a poluição atmosférica, que é prejudicial para a saúde humana e o ambiente. Assim, são envidados esforços para reduzir os poluentes emitidos pelo sistema de escape sem sacrificar a potência e o consumo de combustível. Em particular, os veículos a gasóleo poluem fortemente o ambiente através de emissões como o CO_2 , CO, NO_x , SO_x , compostos constituídos por HC orgânicos não queimados ou parcialmente queimados e emissões de partículas. Uma das alternativas a este problema alarmante é o combustível oxigenado. Os oxigenados misturados no combustível para motores diesel podem servir pelo menos dois objectivos. Os componentes baseados em matérias-primas renováveis tornam possível a introdução de um componente renovável no combustível para motores diesel e, em segundo lugar, os oxigenados misturados no combustível para motores diesel ajudam a reduzir as emissões. O carbonato de dimetilo (DMC) tem tido interesse como aditivo oxigenado para o combustível para motores diesel devido ao seu elevado teor de oxigénio (53,3% em peso).

O presente estudo demonstra que um motor diesel pode funcionar com misturas de DMC no combustível diesel com alterações mínimas no motor. Neste estudo, o gasóleo puro foi utilizado como combustível de base para as misturas de DMC-diesel. As misturas contendo 5, 10, 15 e 20 por cento de combustível DMC em volume são utilizadas num equipamento de ensaio desenvolvido para a experimentação. Todos os ensaios decorreram em estado estacionário e foram efectuados a uma velocidade constante do motor de 1500 RPM. Com a adição de oxigénio ao combustível, observou-se que se verificam pequenas reduções do CO durante o funcionamento do motor e uma redução drástica das emissões de fumo, tendo os outros gases de escape sido também reduzidos até certo ponto. Além disso, verifica-se também um pequeno aumento percentual da potência de travagem e da eficiência térmica de travagem do motor. Assim, pode concluir-se que a adição de 15% de DMC ao gasóleo não só ajuda a reduzir as emissões de escape como também aumenta o desempenho do motor diesel. As conclusões da investigação efectuada até agora conduzem a recomendações para a utilização de combustível como mistura, a fim de melhorar o funcionamento do motor.

Conteúdo

CAPÍTULO 1
INTRODUÇÃO

1.1 GERAL

Nos últimos anos, tem havido uma grande preocupação com a poluição atmosférica, que é prejudicial para a saúde humana e o ambiente. Assim, estão a ser feitos esforços para reduzir os poluentes emitidos pelo sistema de escape sem sacrificar a potência e o consumo de combustível. O aumento exponencial da população, o rápido crescimento da industrialização e a tendência global para a urbanização perturbaram totalmente o equilíbrio ecológico e o equilíbrio dos recursos na Terra. Em particular, os veículos de transporte poluem fortemente o ambiente através de emissões como o CO_2, CO, NO_x, SO_x, compostos constituídos por HC orgânicos não queimados ou parcialmente queimados e emissões de partículas. A energia é um fator essencial e vital para a atividade económica. A construção de uma base sólida de recursos energéticos é um pré-requisito para o desenvolvimento económico e social sustentável de um país. A extração indiscriminada e o aumento do consumo de combustíveis fósseis conduziram à redução dos recursos de carbono subterrâneos. A degradação do ambiente causada pela queima de combustíveis fósseis inclui o aquecimento global, o empobrecimento da camada de ozono, a precipitação ácida, etc., que resultam num aumento gradual da temperatura global, na acidificação de lagos, cursos de água e águas subterrâneas, em danos para os peixes e a vida aquática, em danos para as florestas e as culturas agrícolas e na deterioração dos materiais. Além disso, com o aumento dos preços do petróleo bruto e dos produtos petrolíferos no mercado mundial e a crescente dependência das importações, países como a Índia estão a tornar-se mais vulneráveis em matéria de segurança energética.

Com o aumento da procura de energia a nível mundial, o consumo de petróleo acabará por ultrapassar a sua descoberta. Se não forem desenvolvidas atempadamente infra-estruturas para fontes de energia alternativas, poderá verificar-se uma grave escassez de combustível. A satisfação da crescente procura de energia será um dos maiores desafios deste século. Os condicionalismos económicos, políticos e ambientais têm apoiado o desenvolvimento de novas tecnologias de exploração de recursos não convencionais e de fornecimento de novos tipos de combustíveis. Os relatórios indicam que a procura mundial de energia pode aumentar significativamente nas próximas décadas devido ao crescimento contínuo da população mundial e a um forte crescimento das economias dos países em desenvolvimento. . Para evitar uma possível crise e dar mais tempo para

3

efetuar uma transição suave para fontes de energia alternativas, é necessário desenvolver veículos mais eficientes. O motor a gasóleo reveste-se de particular interesse porque é muito mais eficiente do que o seu homólogo de ignição comandada. No entanto, a utilização generalizada da energia diesel é limitada por emissões de escape inaceitáveis.

O transporte rodoviário representa normalmente cerca de 20 a 30 % do consumo total de energia, consoante a população do país. Além disso, o mercado dos combustíveis para transportes representa cerca de 53% da procura mundial de produtos de refinaria. Em consequência da combustão cíclica e da carga altamente variável, a contribuição relativa dos transportes para certos componentes das emissões é ainda mais elevada do que a quota-parte da utilização de energia. Assim, o sector dos transportes é um grande consumidor de energia e, além disso, um grande poluidor, pelo que enfrenta muitos desafios. O número de veículos em todo o mundo está a aumentar rapidamente, tal como os efeitos ambientais e a utilização de energia nos transportes. Enquanto muitos outros sectores da sociedade conseguiram estabilizar ou reduzir as emissões de CO2, as emissões de CO2 relacionadas com os transportes tendem a aumentar. Os motores de combustão interna impulsionaram as necessidades de transporte e de energia da sociedade durante o último século. No entanto, com a exigência regulamentar de reduzir a poluição atmosférica, os motores de combustão interna são um dos principais objectivos para reduzir as emissões destes motores. Os motores de ignição por compressão ou a diesel são um dos principais contribuintes para a poluição por NOx (óxido de azoto) e PM (partículas em suspensão). No entanto, a vida útil destes motores é muito mais longa do que a dos seus homólogos de ignição por faísca, fazendo com que a frota de motores diesel seja constituída por um número significativo de motores antigos e mais poluentes. O motor diesel é uma central eléctrica muito utilizada devido à sua durabilidade, à sua elevada eficiência térmica e à sua elevada eficiência em termos de combustível, em comparação com outros tipos de motores de combustão interna. Não havendo um método alternativo fiável e rentável de produção de energia com as mesmas vantagens, os motores diesel continuarão a ser utilizados no futuro próximo. Os poluentes são um dos principais problemas dos motores a gasóleo, sendo os NOx e as partículas transportadas pelo ar as principais preocupações. Os motores a gasóleo têm sido considerados uma das principais fontes de poluição atmosférica nas regiões metropolitanas, devido à sua utilização generalizada. Os principais poluentes emitidos pelos motores diesel são as partículas (PM), os fumos, os óxidos de azoto (*NOx*), os hidrocarbonetos (THC), o monóxido de carbono (CO) e os óxidos de enxofre (*Sox*). O campo de investigação dos motores enfrenta o dilema da necessidade de reduzir simultaneamente os *NOx* e as

PM, sem degradar o desempenho económico do motor, porque os *NOx* e as PM são produzidos em condições contraditórias.

Os criadores do motor diesel fizeram progressos consideráveis na redução das emissões nocivas de gases de escape. A eficiência da combustão foi grandemente melhorada através da injeção de combustível a pressão ultra-alta e de um melhor fluxo de fluido. O aumento da poluição ambiental causada pela utilização extensiva de combustíveis fósseis convencionais levou à procura de combustíveis mais respeitadores do ambiente e renováveis. Os biocombustíveis, como os álcoois e o biodiesel, têm sido propostos como alternativas para os motores de combustão interna. O biodiesel, em particular, tem sido alvo de grande atenção como substituto do gasóleo, uma vez que emite menos poluição, é renovável, não prejudica o ambiente e é facilmente produzido em zonas rurais. É também comummente aceite que as emissões dos motores diesel podem ser reduzidas eficazmente utilizando combustíveis alternativos com teor de oxigénio, ou a adição de oxigénio ao combustível diesel. Tendo em conta a escassez de recursos energéticos e os problemas ambientais cada vez mais graves, os aditivos para combustíveis atraíram recentemente uma atenção crescente dos investigadores no domínio dos motores. Foi proposta uma variedade de aditivos de combustível para a redução das emissões dos motores. Os aditivos de combustível utilizados nos motores diesel foram classificados em quatro categorias: melhoradores do índice de cetano; detergentes para limpeza de depósitos de injeção de combustível; promotores do processo de combustão; e oxigenados. Estudos anteriores mostraram que o aumento do teor de oxigénio no combustível para motores diesel pode reduzir eficazmente as emissões de partículas e de fuligem dos motores diesel.

1.2 NECESSIDADE DE COMBUSTÍVEIS ALTERNATIVOS

O motor a gasóleo é o motor mais eficiente entre os motores de combustão interna. A maior economia de combustível, as baixas emissões de gases verdes, a vida útil muito mais longa, a menor manutenção e a fiabilidade são as propriedades de um motor diesel que resultam na sua utilização generalizada nos transportes, na produção de energia térmica e em muitas outras aplicações industriais e agrícolas. Apesar das suas muitas vantagens, o motor a gasóleo é intrinsecamente sujo e é o principal responsável pelas emissões de NOx e de partículas, que contribuem para graves problemas de saúde pública. As emissões de partículas (PM) provenientes da combustão do gasóleo contribuem para os nevoeiros urbanos e regionais. Os óxidos de azoto (NOx) e os hidrocarbonetos (HC) são precursores do O3 (ozono) e das partículas. As emissões de NOx dos veículos a gasóleo desempenham um papel importante na formação de ozono ao nível do solo. O ozono é um irritante pulmonar e respiratório que causa uma série de problemas de saúde relacionados com a respiração, incluindo dores no peito, tosse e falta de ar. A matéria particulada tem sido associada à morte prematura e ao aumento dos sintomas e doenças respiratórias. Além disso, o ozono, os NOx e as partículas afectam negativamente o ambiente de várias formas, incluindo danos nas colheitas, chuvas ácidas e diminuição da visibilidade.

Tendo em conta a crescente preocupação com os efeitos das emissões de partículas e de NOx dos motores diesel na saúde humana e no ambiente, a redução das emissões de NOx e de partículas dos motores diesel é um dos desafios mais significativos da atualidade, devido à manutenção de requisitos rigorosos em matéria de emissões.

	EURO-3	EURO-4	EURO-5
Year	2000	2005	2008
NOx	5	3.5	2.0
PM	0.1	0.02	0.02
CO	2.1	1.5	1.2
NMHC	0.66	0.46	0.35

Quadro 1.1 Níveis de ensaio da atual legislação sobre emissões (ESC) (g/kWh) na Europa

	CO	HC	NOx	PM
	g/kWh			
Past 1999, Stage 1	5.0	1.3	9.2	0.54
2002, Stage 2	3.5	1.0	6.0	0.2
2006, Stage 3	3.5	0.5	4.0	0.2
2011, Stage 4	3.5	0.19	2.0	0.025
Future 2014, Stage 5	3.5	0.19	0.4	0.025

Quadro 1.2 Normas de emissão para motores diesel na Índia

Neste sentido, foram realizados muitos trabalhos de investigação para desenvolver técnicas de pós-tratamento e de controlo no interior do cilindro para reduzir as emissões de NOx pelo tubo de escape e a formação de NOx no cilindro, respetivamente. Ao longo da história, o motor diesel, durável e eficiente, substituiu outros modos menos eficientes de produção de energia, incluindo as máquinas a vapor na indústria ferroviária. À medida que o nosso mundo e o nosso ambiente foram mudando, a preocupação com as emissões de escape dos motores de combustão interna levou a melhorias em ambos os tipos de motores amplamente utilizados, de ignição por faísca e de ignição por compressão. Estas melhorias incluem muitos tipos de tecnologias de pós-tratamento para combater as emissões específicas de cada tipo de motor. No caso dos motores de ignição comandada, as tecnologias de pós-tratamento incluem catalisadores de três vias, utilização de eletrónica para controlo do combustível e do ar e recirculação dos gases de escape. Por outro lado, as emissões dos motores diesel têm sido geridas, até agora, principalmente através de melhorias subtis na regulação da injeção de combustível, do carregamento do turbo e do intercooler, bem como de uma maior pressão de injeção de combustível, sem necessidade de um pós-tratamento significativo dos gases de escape. Os desafios que a indústria automóvel enfrenta atualmente são as normas de emissões mais rigorosas promulgadas pelos organismos governamentais a nível mundial e o aumento dos custos dos produtos petrolíferos. Especificamente no sector dos motores a diesel, são necessárias melhorias nas emissões para as vendas futuras, e as melhorias na eficiência foram tornadas necessárias pelo aumento do custo do combustível para motores a diesel. As emissões de óxido de azoto (NOx) e de partículas (PM) dos motores diesel continuam a ser um desafio devido à sua relação de compromisso.

Embora a aplicação de injeção a alta pressão e de um sistema common-rail possa reduzir as emissões de NOx e de partículas, os custos são também demasiado elevados para muitos fabricantes de motores de pequena escala e para os consumidores, especialmente para os motores diesel amplamente utilizados em máquinas agrícolas, a maioria dos quais são motores de aspiração natural, de preço muito baixo e, mais importante ainda, de grande produção. Por conseguinte, a redução das emissões desses motores a gasóleo reveste-se de grande importância. Os aditivos para combustíveis são um método para reduzir as emissões e/ou melhorar o desempenho destes motores diesel mais antigos sem necessidade de actualizações tecnológicas. Recentemente, foi encontrada uma solução, que é bastante barata e eficaz, nomeadamente a aplicação de combustíveis oxigenados.

A partir da revisão da literatura, há um interesse significativo na utilização de combustíveis oxigenados para reduzir as emissões de partículas de fumo dos motores diesel. Os combustíveis oxigenados são uma classe atraente de combustíveis sintéticos em que os átomos de oxigénio estão quimicamente ligados à estrutura do combustível. Esta ligação de oxigénio no combustível oxigenado é energética e fornece uma energia química que não resulta numa perda de eficiência durante a combustão. A otimização dos combustíveis oxigenados, para serem utilizados como combustível puro ou como aditivo, oferece um potencial significativo de redução das emissões de partículas. Além disso, os combustíveis desejados podem ser sintetizados utilizando matérias-primas bio-derivadas, incluindo culturas tradicionais de biodiesel, resíduos de culturas e culturas colhidas. Além disso, é possível obter o benefício de uma baixa libertação líquida de carbono. O combustível oxigenado pode acelerar o processo de combustão, especialmente na fase final da combustão por difusão, pelo que as emissões de fumo podem ser largamente reduzidas, possibilitando a redução das emissões de NOx de outras formas. Entre os muitos tipos de combustíveis oxigenados, o DMC (carbonato de dimetilo) é um combustível oxigenado promissor, facilmente produzido a partir do metanol.

Em geral, há várias razões para promover combustíveis alternativos ou componentes de combustíveis alternativos nos transportes. As razões podem ser as seguintes:

> redução da dependência do petróleo
> redução das emissões de gases com efeito de estufa
> redução das emissões de gases de escape tóxicos
> melhoria da eficiência energética global
> redução dos custos de combustível

1.3 Vantagens do DMC como combustível oxigenado

O combustível oxigenado não é mais do que o combustível que tem um composto químico que contém oxigénio. É utilizado para ajudar o combustível a arder de forma mais eficiente e reduzir alguns tipos de poluição atmosférica. Os oxigenados misturados no gasóleo podem servir pelo menos dois objectivos. Os componentes baseados em matérias-primas renováveis permitem introduzir um componente renovável no combustível para motores diesel. Estes componentes podem ser o bioetanol, o biodiesel ou componentes sintéticos produzidos a partir da biomassa através da gaseificação e do gás de síntese. Dependendo do componente do combustível e da cadeia global de combustível, as opções de biocombustível podem ser comparáveis ou significativamente melhores do que o gasóleo no que respeita às emissões de gases com efeito de estufa ou de dióxido de carbono. Independentemente dos efeitos sobre as emissões de CO2, cada componente biológico contribuirá para a diversificação dos combustíveis. Em segundo lugar, os oxigenados misturados no combustível para motores diesel podem ajudar a reduzir as emissões. Especialmente no caso dos veículos pesados, os componentes mais críticos das emissões são as partículas e os óxidos de azoto. Vários estudos demonstraram que os componentes oxigenados do combustível ajudam a reduzir as emissões de partículas.

Requisitos de boas propriedades oxigenadas:

> A mistura deve apresentar uma tolerância adequada à água.

> O combustível oxigenado deve ser miscível com vários combustíveis diesel na gama de temperaturas ambientais observadas no funcionamento do veículo.

> A mistura deve ter um índice de cetano adequado e, de preferência, permitir que a mistura apresente um índice de cetano aumentado.

> A mistura de oxigenados não deve apresentar uma volatilidade excessiva quando misturada com várias bases de combustível para motores diesel.

Foi demonstrado que muitos oxigenados são eficazes na redução das emissões de partículas dos motores diesel. Por conseguinte, muita da investigação tem-se centrado na seleção de aditivos oxigenados para combustíveis, incluindo álcoois, ésteres e éteres. De particular interesse são os éteres de glicol, que demonstraram ser muito eficazes como misturas e como combustível puro. Este estudo centra-se na utilização de um éster de cadeia curta, o carbonato de dimetilo (DMC). Em muitos casos, é-lhe atribuída a redução do problema do smog nos grandes centros urbanos. Pode também reduzir as emissões mortais de monóxido de carbono. O combustível oxigenado funciona permitindo que a gasolina nos veículos arda mais completamente. Como a maior parte do combustível está a arder, há menos químicos nocivos libertados para a atmosfera. Para além de uma combustão mais limpa, o combustível oxigenado também ajuda a reduzir a quantidade de combustíveis fósseis não renováveis consumidos. O carbonato de dimetilo é um líquido transparente inflamável que ferve a 90 °C. Trata-se de um éster de carbonato que foi recentemente utilizado como reagente de metilação. Foi também classificado como um composto isento ao abrigo da definição de compostos orgânicos voláteis pela EPA dos EUA em 2009. A sua principal vantagem em relação a outros reagentes de metilação, como o iodometano e o sulfato de dimetilo, é a sua toxicidade muito mais baixa e a sua biodegradabilidade. Além disso, é agora preparado a partir da carbonilação oxidativa catalítica do metanol com monóxido de carbono e oxigénio, em vez de a partir do fosgénio. Este facto permite que o carbonato de dimetilo seja considerado um reagente ecológico. O carbonato de dimetilo não é tóxico e é também 100% miscível no gasóleo, que contém 53% de oxigénio em peso. Assim, o DMC foi selecionado para ser um aditivo para motores diesel nesta investigação devido à sua solubilidade, facilidade de operação e teor de oxigénio.

Abbreviation	Diesel	DMC
Formula	$C_{10.8}H_{18.7}$	$C_3H_6O_3$
Chemical structure	-	$CH_3.OCOO\text{-}CH_3$
Molecular weight (g/mol)	148.3	90
Oxygen content (wt %)	0	53.3
Carbon content (wt %)	86	40
Liquid density (g/cm3, 20°C)	0.86	1.0694
Boiling point (°C)	188-343	90–91
Calorific value (MJ/kg)	42.5	13.5
Cetane number	40-55	35-36

Tabela 1.3: Propriedades do carbonato de dimetilo e do gasóleo

1.4 Emissões de motores diesel (formação de poluentes)

Em geral, o termo "emissões do motor" refere-se principalmente aos poluentes presentes no escape. Os motores de ignição por compressão convertem a energia química contida no combustível em potência mecânica. O combustível é constituído por vários hidrocarbonetos que, numa combustão teoricamente completa, produzem dióxido de carbono (CO2) e vapor de água (H2O). Estes gases não são nocivos para a saúde, mas o CO2 é considerado negativo por ser um gás com efeito de estufa. Estes gases de combustão ideais e o ar não utilizado constituem a maior parte dos gases de escape de um verdadeiro motor de combustão de ignição por compressão. Existem outras emissões, algumas das quais são tóxicas para a saúde humana ou prejudiciais para o ambiente. Estas emissões são o resultado de processos não ideais que ocorrem durante a combustão real. Estas emissões resultam da combustão incompleta do combustível, da combustão do óleo lubrificante, da combustão de aditivos e de compostos não hidrocarbonetos, como o enxofre (do combustível ou do óleo lubrificante), ou ainda de reacções ou decomposições separadas dos componentes da mistura a alta pressão/temperatura. Os motores diesel têm sido tradicionalmente grandes emissores de NOx e de partículas. Outros poluentes incluem o monóxido de carbono (CO) e os hidrocarbonetos não queimados (HC), que são normalmente muito baixos num motor diesel, uma vez que a mistura ar-combustível é pobre. As secções seguintes centrar-se-ão nos principais poluentes de um motor diesel. Ao tentar reduzir as emissões, é importante compreender a forma como cada poluente é formado e ajuda a compreender quais as caraterísticas de combustão a otimizar. Como resultado de uma reação química, formam-se produtos.

10

A combustão por ignição por compressão é principalmente heterogénea, ou seja, o combustível e o ar são fases distintas. As emissões de um motor de ignição por compressão são formadas como resultado da queima de uma mistura heterogénea de combustível e ar. A composição exacta das emissões é complexa e depende de muitas condições, principalmente durante a combustão, mas também durante o curso de expansão e imediatamente antes da abertura da válvula de escape (EVO). Há muitos factores que afectam a emissão e que incluem a preparação da mistura durante o atraso da ignição, a qualidade da ignição do combustível, o tempo de residência a diferentes temperaturas de combustão e a duração do curso de expansão. Muitas caraterísticas inerentes à conceção do motor podem também desempenhar um papel na formação das emissões. Se o motor e o sistema de escape forem considerados como um todo, qualquer redução das emissões pelo sistema de pós-tratamento também é incluída. Ao tentar reduzir as emissões, é importante compreender a forma como cada poluente é formado e ajuda a compreender quais as caraterísticas de combustão a otimizar. Como resultado de uma reação química, formam-se os seguintes produtos.

1.4.1 NOx (Óxido Nítrico)

Devido a restrições ambientais, os óxidos de azoto estão a ser reduzidos para cumprir os regulamentos. O NOx é uma emissão difícil de controlar num motor diesel, uma vez que temperaturas de combustão mais elevadas estão associadas a uma maior formação de NOx e a um menor consumo de combustível. Os óxidos de azoto contribuem para o ozono troposférico, o aquecimento global e a chuva ácida. Os NOx consistem principalmente em óxido nítrico (NO), que representa mais de 70-90% do total de NOx. A temperaturas iguais ou inferiores a 1200 K, o dióxido de azoto (NO) forma-se a partir do NO presente nos gases de escape e constitui o resto dos NOx totais emitidos por um motor diesel. A formação de NOx é uma função da temperatura. medida que a temperatura aumenta, a formação de NOx aumenta. As três reacções químicas que são importantes na formação do óxido nítrico são as seguintes

$$O + N_2 \longrightarrow NO + N$$
$$N + O_2 \longrightarrow NO + O$$
$$N + OH \longrightarrow NO + H$$

1.4.2 PM (Partículas em suspensão)

As pequenas partículas, denominadas partículas, emitidas pelos motores a gasóleo têm sido associadas a efeitos na saúde, pelo que são regulamentadas. As partículas são o resultado da combustão incompleta do combustível. A EPA dos EUA define partículas como a parte do escape que, quando diluída abaixo de 125°F, fica retida num filtro de amostra. As partículas são constituídas por uma parte sólida (carbono e cinzas), uma fração orgânica solúvel e sulfatos. A SOF é constituída por hidrocarbonetos (principalmente hidrocarbonetos pesados) que se condensaram nas partículas de carbono. A parte sólida de carbono e a fração orgânica solúvel são formadas pela combustão incompleta do combustível. Isto ocorre em rácios ar-combustível baixos, como em carga elevada e durante eventos transitórios quando a pressão de sobrealimentação é limitada. Cilindro elevado

As temperaturas e a disponibilidade de oxigénio aumentam a oxidação das partículas sólidas de carbono e dos hidrocarbonetos em monóxido de carbono e dióxido de carbono. Os sulfatos são formados a partir de reacções com o enxofre no combustível, e os níveis de enxofre do combustível foram reduzidos para combater esta situação. O elevado teor de enxofre no óleo lubrificante também contribui para os sulfatos. Os tipos de PM são separados em 3 categorias:

1) Fração sólida (partículas sólidas (SPM))

    a) Fuligem carbonácea

    b) Cinzas (incluindo as metálicas)

2) Fração orgânica solúvel (partículas líquidas (LPM))

    a) Material orgânico derivado do combustível [gama de hidrocarbonetos de ponto de ebulição (BP)

    b) Matérias orgânicas derivadas do óleo de lubrificação do motor (hidrocarbonetos BP superiores)

3) Partículas de água (LPM)

    a) Água

    b) Ácido sulfúrico SO4 (quando o enxofre do combustível está presente)

1.4.3 CO (Monóxido de carbono)

O monóxido de carbono é um gás venenoso e a principal fonte de poluição atmosférica. A formação de CO é atribuída à oxidação do combustível resultante da combustão. O principal fator que contribui para a formação de CO é o tempo e o oxigénio insuficientes para a oxidação do CO em CO . As emissões de CO acompanham as emissões de partículas, uma vez que o principal contribuinte para as partículas, o carbono, é formado durante uma baixa relação ar/combustível, como a aceleração e as cargas elevadas. Uma vez que os motores a gasóleo funcionam com um baixo consumo de combustível, os níveis de CO são relativamente baixos e, em geral, muito inferiores aos regulamentos actuais.

1.4.4 CO2 (Dióxido de carbono)

Um produto direto da combustão de um combustível hidrocarboneto é o CO . O aquecimento global tem sido atribuído ao CO , que é considerado um gás com efeito de estufa [59]. Qualquer aumento do consumo de combustível aumenta as emissões de CO . O dióxido de carbono é um subproduto da queima de combustíveis. Não é tóxico.

1.4.5 HC (Hidrocarbonetos)

Os hidrocarbonetos no escape são formados pela combustão incompleta, bem como os hidrocarbonetos pesados do óleo do motor nas paredes do cilindro. As zonas demasiado pobres ou ricas para a combustão são pontos de formação de hidrocarbonetos. Qualquer combustível proveniente da injeção que entre em contacto com as paredes do cilindro ou com a superfície do pistão pode ter um efeito de arrefecimento e transformar-se em emissões de hidrocarbonetos. Outro método de emissão de hidrocarbonetos pode ocorrer devido a uma injeção tardia de combustível quando a temperatura e a pressão não são suficientemente elevadas para a combustão.

1.4.6 Cinzas

Os combustíveis e os óleos lubrificantes contêm frequentemente uma série de aditivos (detergentes, dispersantes, etc.) compostos por elementos metálicos. Quando estes fluidos são consumidos durante a combustão, estes elementos metálicos podem formar sólidos inorgânicos conhecidos como cinzas. O desgaste normal dos componentes metálicos do motor é outra fonte, embora menos substancial, de produção de cinzas. Embora a sua contribuição para a massa de DPM seja frequentemente inferior em comparação com outras formas de emissões de partículas, as cinzas não podem oxidar-se em reacções secundárias com dispositivos de pós-tratamento e podem acumular-se no sistema de escape e causar problemas de manutenção ao longo do tempo. A redução da formação de cinzas pode ser conseguida através da redução da fração metálica das formulações do combustível e do óleo lubrificante e da diminuição da quantidade de óleo consumida durante o processo de combustão.

CAPÍTULO 2
PESQUISA BIBLIOGRÁFICA

2.1 NOÇÕES BÁSICAS DO MOTOR DE IGNIÇÃO POR COMPRESSÃO

A ignição por compressão (Motor Diesel) é quando um motor de combustão interna utiliza o calor gerado na compressão para iniciar a ignição do combustível. São obtidas elevadas eficiências térmicas devido às elevadas taxas de compressão dos motores de ignição por compressão (normalmente 15:1 - 25:1). Os motores de ignição por compressão podem ser de 2 ou 4 tempos. Neste ponto, apenas é abordado o motor de ignição por compressão a 4 tempos. Os motores a 2 tempos, embora de construção mais simples e com uma potência específica mais elevada, são geralmente menos eficientes devido às perdas por evaporação. Por conseguinte, o motor a 4 tempos é mais comum em aplicações automóveis. A figura 2.1 mostra o funcionamento de um motor diesel a 4 tempos. O funcionamento do motor de combustão interna a 4 tempos é o seguinte

Uma nova carga de ar de admissão é aspirada para o cilindro pelo pistão que desce do ponto morto superior (TDC) para o ponto morto inferior (BDC) com a(s) válvula(s) de admissão aberta(s) (curso de admissão 1). A(s) válvula(s) de admissão fecha(m)-se agora e o pistão regressa ao topo do cilindro (curso de compressão 2). O trabalho efectuado durante o curso de compressão aquece o ar até (> 177 °C). Quase no topo do curso de compressão, o combustível é injetado numa pré-câmara ou diretamente num espaço vazio no topo do pistão (dependendo da conceção do motor). A conceção do injetor de combustível permite que o combustível seja dividido em pequenas gotas e distribuído uniformemente. O calor do ar comprimido vaporiza o combustível das gotículas. O início da vaporização provoca um período de atraso (atraso de ignição), o vapor atinge a temperatura de ignição e provoca um aumento abrupto da pressão acima do pistão, o que dá ao motor diesel o seu som caraterístico de pancada. O vapor é então inflamado pelo calor do ar comprimido na câmara de combustão. A rápida expansão dos gases de combustão faz descer o pistão, fazendo girar a cambota (curso de força 3). A(s) válvula(s) de escape abre(m)-se e os gases de combustão quentes são então empurrados para fora (exaustos) pelo pistão que regressa ao topo do cilindro (curso de escape 4). É agora possível repetir todo este processo utilizando o impulso remanescente no sistema.

A eficiência térmica do motor de ignição por compressão a 4 tempos (ciclo diesel) é

$$\eta\text{th} = 1 - \left(\frac{Cr^{(1-\gamma)}(Rc^{\gamma-1})}{\gamma^{(Rc-1)}} \right) \times 100$$

Em que: ηth - eficiência térmica, Cr - razão de compressão, Rc - razão de corte, rc, (razão do volume do cilindro no início e no fim do processo de combustão), γ - razão dos calores específicos a pressão constante e a volume constante (Cp/Cv)

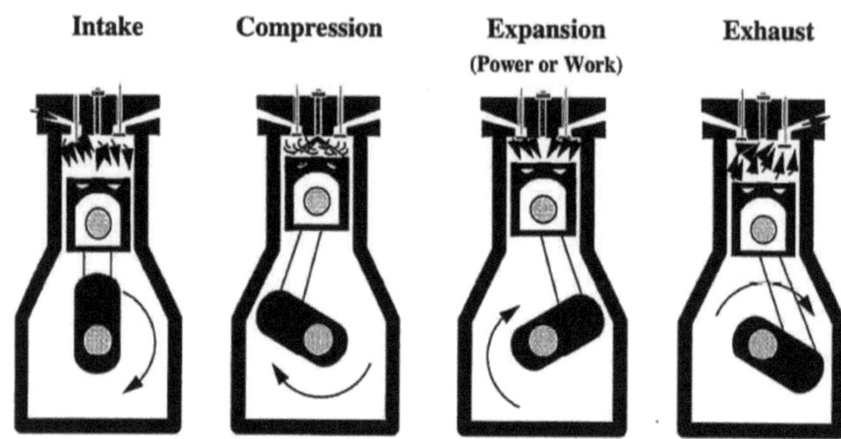

FIGURA 2.1 FUNCIONAMENTO DO MOTOR DE IGNIÇÃO POR COMPRESSÃO

A taxa de compressão é um fator determinante das temperaturas no interior do cilindro, pelo que um aumento da taxa de compressão significa temperaturas mais elevadas no interior do cilindro quando o combustível arde e uma maior eficiência térmica. A Figura 2.2 mostra a variação da temperatura e da pressão no motor diesel. No caso dos motores de ignição comandada, a taxa de compressão tem de ser limitada para evitar a pré-inflamação (knocking), ou seja, a mistura ar-combustível inflama-se por compressão antes de a vela de ignição disparar. Isto deve-se ao facto de os motores SI típicos serem submetidos a uma combustão pré-misturada, ou seja, o combustível é misturado com o ar antes de entrar na câmara de combustão, dependendo de uma mistura do tipo "homogénea".

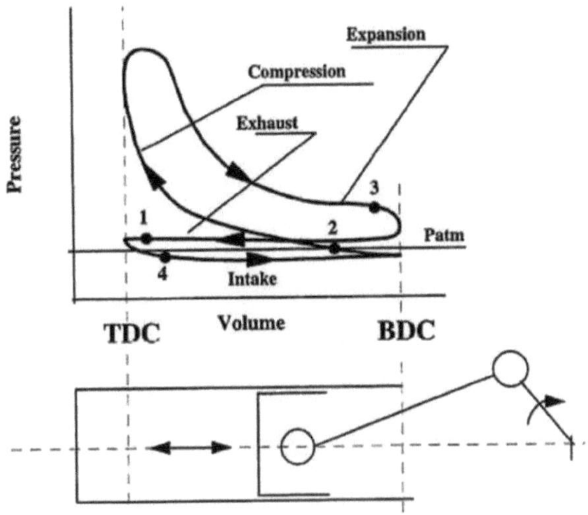

Figura 2.2 Diagrama de pressão vs. volume para um motor a quatro tempos

Os motores de ignição por compressão não estão limitados desta forma, pois o combustível é introduzido no cilindro quase no ponto exato em que é necessário para a ignição, permitindo que o motor utilize uma taxa de compressão mais elevada.

2.2 COMBUSTÍVEL OXIGENADO: CARBONATO DE DIMETILO

O combustível oxigenado não é mais do que o combustível que tem um composto químico que contém oxigénio. É utilizado para ajudar o combustível a arder de forma mais eficiente e reduzir alguns tipos de poluição atmosférica. Os combustíveis oxigenados são uma classe atraente de combustíveis sintéticos em que os átomos de oxigénio estão quimicamente ligados à estrutura do combustível. Esta ligação de oxigénio no combustível oxigenado é energética e fornece uma energia química que não resulta numa perda de eficiência durante a combustão. A otimização dos combustíveis oxigenados, para serem utilizados como combustível puro ou como aditivo, oferece um potencial significativo de redução das emissões de partículas. Além disso, os combustíveis desejados podem ser sintetizados utilizando matérias-primas bio-derivadas, incluindo culturas tradicionais de biodiesel, resíduos de culturas e culturas colhidas. Além disso, é possível obter o benefício de uma baixa libertação líquida de carbono. Em muitos casos, é creditada a redução do problema do smog nos grandes centros urbanos. Pode também reduzir as emissões mortais de monóxido de carbono. O combustível oxigenado funciona permitindo que a gasolina nos veículos arda mais completamente. Como a maior parte do combustível está a arder, há menos químicos nocivos libertados para a atmosfera. Para além de ter uma combustão mais limpa, o combustível oxigenado também ajuda a reduzir a quantidade de combustíveis fósseis não renováveis consumidos.

O carbonato de dimetilo (DMC) tem tido interesse como aditivo oxigenado do combustível para motores diesel devido ao seu elevado teor de oxigénio.

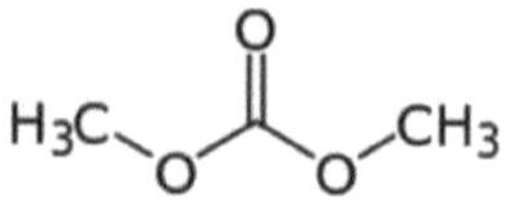

Figura 2.3 Estrutura química do DMC, carbonato de dimetilo

O DMC é um composto orgânico com a fórmula $C_3H_6O_3$. Trata-se de um líquido inflamável e incolor. É classificado como um éster de carbonato. A taxa de decomposição DMC => $H_3COC(=O)O. + CH_3$ na chama foi muito mais lenta do que se pensava inicialmente porque a estabilização da ressonância no radical $H_3COC(=O)O.$ foi menor do que o esperado. Além disso, é proposto um novo caminho de eliminação molecular para o DMC e a sua taxa é calculada por métodos de química quântica. Nas simulações de DMC na chama, foi determinado que grande parte do oxigénio no carbonato de dimetilo vai diretamente para o CO_2. Esta caraterística reduz a eficácia do DMC na redução da fuligem nos motores diesel. Num aditivo oxigenado ideal para o combustível para motores diesel, cada átomo de oxigénio permanece ligado a um átomo de carbono nos produtos, impedindo assim a formação de ligações carbono-carbono que podem conduzir à fuligem. A DMC é um aditivo promissor para o gasóleo devido ao seu elevado teor de oxigénio, à ausência de ligações atómicas carbono-carbono, ao ponto de ebulição adequado e à solubilidade no gasóleo. O objetivo desta investigação foi estudar as caraterísticas de combustão e o desempenho dos motores diesel que funcionam com gasóleo misturado com DMC. Os resultados experimentais mostraram que as emissões de partículas (PM) podem ser reduzidas utilizando o composto oxigenado DMC. A análise da combustão indicou que o atraso na ignição do motor alimentado com combustível misturado com DMC-diesel é mais longo, mas a duração da combustão é muito mais curta e a eficiência térmica é aumentada em comparação com a de um motor diesel de base. Além disso, se a injeção também for retardada, as emissões de NO_x podem ser reduzidas, enquanto as emissões de partículas continuam a ser significativamente reduzidas. O estudo experimental concluiu que os motores a gasóleo alimentados com o aditivo DMC melhoraram o desempenho da combustão e das emissões. O carbonato de dimetilo pode ser preparado pela reação do fosgénio com o metanol através do clorofórmio de metilo:

$$COCl_2 + CH_3OH \rightarrow CH_3OCOCl + HCl$$

$$CH_3OCOCl + CH_3OH \rightarrow CH_3OCO_2CH_3 + HCl$$

Overall:

$$COCl_2 + 2\ CH_3OH \rightarrow CH_3OCO_2CH_3 + 2\ HCl$$

2.3 REVISÃO DA LITERATURA SOBRE DMC

Para realizar o meu trabalho de tese sobre o tema acima referido, considerei necessário, em primeiro lugar, analisar os trabalhos anteriores que foram efectuados sobre o combustível oxigenado utilizado no motor de ignição por compressão. A principal fonte desta análise é a Internet e a biblioteca. Encontrei muitos trabalhos de investigação de grandes investigadores, académicos e cientistas relacionados com o combustível oxigenado, alguns deles relacionados com biocombustíveis, outros relacionados com outros combustíveis alternativos. Estes investigadores utilizam misturas de diferentes produtos químicos para melhorar o desempenho do motor diesel e diminuir as emissões de escape. Alguns dos trabalhos de investigação são apresentados em seguida. Os vários trabalhos de investigação estudados por mim para a realização deste trabalho são apresentados de seguida.

Bhavin H. Mehta, et al. [1] Este artigo descreve algumas propriedades dos oxigenados sintéticos e a sua influência nas emissões de escape dos motores diesel. De acordo com os resultados dos exames, os oxigenados são um método eficaz para obter a redução das emissões de PM, CO e HC sem um aumento significativo das emissões de NOx. Estão disponíveis vários aditivos para combustíveis oxigenados que possuem um maior teor de oxigénio em comparação com o gasóleo. Se estes aditivos forem adicionados ao gasóleo numa proporção adequada, melhorarão o desempenho do motor e as caraterísticas das emissões. Se a proporção destes aditivos for superior, o desempenho do motor diminui porque os aditivos têm um valor calorífico inferior ao do gasóleo. Outros obstáculos à utilização de aditivos para combustíveis oxigenados são o seu elevado preço e a sua fraca disponibilidade.

Keith D. Vertin, et al. [2] São apresentadas as propriedades físicas e químicas do metilal puro e das misturas de metilal com gasóleo convencional. Verificou-se que o metilal é mais volátil do que o gasóleo e são discutidas precauções especiais para a distribuição e armazenamento nos depósitos de combustível. Foram também efectuados ensaios de motor em estado estacionário utilizando um motor diesel turboalimentado Cummins 85.9 não modificado para examinar o efeito da concentração da mistura de metilal no desempenho e nas emissões. Foram demonstradas reduções substanciais das emissões de partículas com misturas de 10 a 30% de metilal no combustível para motores diesel. Esta investigação indica que o metilal pode ser uma mistura eficaz de combustível para motores diesel, desde que sejam introduzidas alterações na conceção dos sistemas de manuseamento de combustível dos veículos.

Ayhan Demirbas [3] Este artigo aborda os combustíveis alternativos para motores a gasóleo, que se têm tornado cada vez mais importantes devido à diminuição das reservas de petróleo e às crescentes preocupações ambientais, tornando os combustíveis renováveis uma alternativa excecionalmente atractiva como combustível para o futuro. O biodiesel é derivado de uma gama variada de óleos vegetais comestíveis e não comestíveis, gorduras animais, óleos de fritura usados e óleos alimentares usados. O metanol, por ser mais barato, é o álcool normalmente utilizado durante a reação de transesterificação. Na reação de transesterificação podem ser utilizados catalisadores homogéneos como o ácido sulfúrico, o hidróxido de sódio, o hidróxido de potássio e catalisadores heterogéneos como o óxido de cálcio, o óxido de magnésio e outros. Os processos de transesterificação não catalisados são o processo BIOX e o processo do álcool supercrítico (metanol). A potência de travagem do biodiesel foi quase a mesma que a do petro-diesel, enquanto o consumo específico de combustível foi superior ao do petro-diesel. Os depósitos de carbono no interior do motor eram normais, com exceção dos depósitos nas válvulas de admissão. Os combustíveis biodiesel podem ser aditivos para melhorar o desempenho em motores de ignição por compressão. Os ensaios de desempenho mostraram que, embora a potência tenha diminuído e o consumo específico de combustível na travagem tenha aumentado para todas as amostras de biodiesel, em comparação com o gasóleo n.º 2, o montante das alterações foi diretamente proporcional ao menor teor energético do biodiesel.

Ruijun Zhu, et al. [4] Neste estudo, foram investigadas as caraterísticas da combustão e das emissões (CO, HC, PM e NOx, bem como a distribuição do número/tamanho das partículas) de um motor de ignição por compressão alimentado com misturas de gasóleo e DMM. Foi estudado o efeito da adição de DMM e da regulação da injeção de combustível. Os resultados experimentais mostraram que (1) a utilização de misturas de gasóleo-DMM pode melhorar a eficiência térmica e reduzir as emissões de fumo, bem como de nano partículas e partículas ultrafinas nos gases de escape, com um ligeiro aumento das emissões de NOx; (2) o desempenho do motor e as emissões quando se utilizam misturas de gasóleo-DMM podem ser optimizados ajustando a regulação da injeção de combustível; o avanço da regulação da injeção de combustível permite melhorar a eficiência térmica e a eficiência do combustível, diminuir as emissões de fumo e o número de partículas à custa de um aumento das emissões de NOx; e as concentrações de números nas gamas de nanopartículas e ultrafinas são muito sensíveis à regulação da injeção de combustível; a injeção precoce de combustível pode aumentar ou diminuir as nanopartículas.

P. Venkateswara Rao, et al. [5] Foi realizada uma investigação experimental para avaliar o efeito da triacetina (T) como aditivo com biodiesel no motor diesel de injeção direta para caraterísticas de desempenho e combustão. Normalmente, na utilização de gasóleo e de biodiesel puro, é possível detetar, em certa medida, a ocorrência de "knocking". Ao adicionar o aditivo triacetina [$C_9 H_{14} O_6$] ao biodiesel, este problema pode ser atenuado em certa medida e as emissões do tubo de escape são reduzidas. Foi efectuado um estudo comparativo com petrodiesel, biodiesel e misturas aditivas de biodiesel no motor. O éster metílico de óleo de coco (COME) foi utilizado com aditivo em várias percentagens por volume para todas as gamas de carga do motor, nomeadamente em vazio, a 25, 50 e 75% da carga total e a plena carga. O desempenho é comparado com o do gasóleo puro no que diz respeito à eficiência do motor e às emissões de escape. Entre todas as misturas de combustíveis experimentadas, a combinação de 10% de triacetina com biodiesel apresenta resultados encorajadores.

P. Baskar, et al. [6] Nesta investigação, foi efectuada uma investigação preliminar para estudar os efeitos das misturas DPE e DIGLYME nas emissões de escape de um motor diesel de injeção direta com dois cilindros. Os resultados obtidos para uma velocidade constante do motor com várias cargas do motor são que tanto as misturas DPE como DIGLYME reduzem substancialmente a opacidade dos gases de escape. A redução máxima de 60% foi observada pelas misturas DPE15 e

DIGLYME15 em comparação com o gasóleo de referência. As misturas de gasóleo oxigenado mostraram uma redução significativa das emissões de CO e HC, com apenas uma ligeira penalização das emissões de NOx. O enriquecimento em oxigénio do combustível convencional não é acompanhado por um aumento acentuado da concentração de NO no interior do cilindro devido à diminuição da temperatura local em resultado do menor valor de aquecimento do combustível. Os combustíveis diesel oxigenados produzem uma mudança favorável na relação PM/NOx.

G D Zhang, et al. [7] Os efeitos sobre as caraterísticas de combustão e o desempenho dos motores diesel da adição de DMC ao combustível diesel foram sistematicamente investigados nesta investigação. Os resultados experimentais são resumidos da seguinte forma. A DMC é um dos melhores aditivos para motores diesel devido às suas vantagens de um elevado teor de oxigénio, ponto de ebulição adequado e inter-solubilidade com o combustível diesel. As propriedades físicas e químicas e a cinética química da DMC determinam a sua adequação para utilização como aditivo em motores a gasóleo. O estudo mostrou que o atraso de ignição da combustão da mistura de DMC é maior do que o do gasóleo puro, enquanto a duração da combustão é muito mais curta, pelo que a eficiência térmica aumenta. Por exemplo, a eficiência térmica aumenta 1-3 por cento em diferentes condições de funcionamento quando o motor funciona com uma mistura de 15 por cento de DMC no gasóleo. As emissões de *NOx* podem ser ainda mais reduzidas utilizando a mistura de combustível DMC, enquanto as emissões de PM e fuligem são consideravelmente reduzidas se o atraso da injeção for efectuado ao mesmo tempo.

R J Zhu, et al. [8] Foram investigadas as caraterísticas da combustão e das emissões de um motor de ignição por compressão alimentado com uma mistura de combustível DMM50 combinada com EGR e um DOC. Os resultados podem ser resumidos da seguinte forma. A mistura de combustível DMM 50 é adequada para o modo de funcionamento de alta EGR em carga parcial e de baixa EGR em carga elevada. Foi estabelecido um nível ultra-baixo de NOx numa vasta gama de cargas de funcionamento com a utilização de uma mistura de combustível com uma elevada percentagem do componente DMM. Um DOC reduz eficazmente as emissões de CO e THC numa vasta gama de cargas de funcionamento, especialmente em condições de carga elevada, em que se formam concentrações extremamente elevadas de CO e THC. O DMM 50 aumenta a combustão pré-misturada e encurta a duração da combustão difusiva, conduzindo a uma pressão de pico mais elevada e a um aumento da pressão. É evidente que a EGR não influencia a duração da combustão. No modo de funcionamento de alta EGR em carga parcial e de baixa EGR em carga elevada, um motor diesel de aspiração natural no ensaio, alimentado com uma mistura de combustível DMM 50 combinada com um DOC, poderia cumprir a norma de emissões Euro III de um motor diesel para veículos.

R. Senthil, et al. [9] Foram investigadas as caraterísticas de desempenho e de emissões de um motor Diesel monocilíndrico a quatro tempos alimentado com misturas de Diesel e EEE. Os resultados são resumidos da seguinte forma. Ao utilizar as misturas de gasóleo e acetato de 2 etoxietilo, as emissões foram reduzidas e, simultaneamente, verificou-se uma melhoria na eficiência térmica da travagem. A adição de compostos oxigenados aumenta a quantidade de oxigénio necessária para a combustão, reduzindo assim o teor de HC e CO nos gases de escape. Com efeito, o aumento do teor de oxigénio no combustível contribui para melhorar e completar a combustão. Devido à combustão completa, a temperatura de pico foi aumentada. Devido a este aumento da temperatura de pico da combustão, a formação de NOx é maior. Conseguiu-se uma boa redução do nível de fumo com as misturas de 2 etoxi-acetato de etilo em comparação com o gasóleo puro.

Kent E. Nord e Dan Haupt [10] Neste documento, o tamanho e a distribuição das partículas foram medidos tanto como tamanho e distribuição total das partículas como como tamanho e distribuição das partículas secas. As partículas húmidas, as partículas voláteis, são a parte das partículas que tem origem na combustão, combustível não queimado, combustível parcialmente queimado, fumos de óleo, água, etc. Estes constituintes dos gases de escape são mais provavelmente formados durante condições de baixa carga e baixa velocidade. As baixas temperaturas durante estes passos resultam provavelmente no facto de os constituintes químicos não se evaporarem ou reagirem completamente e, por conseguinte, se condensarem nas partículas. Consequentemente, verificou-se que o teor de poluentes potencialmente cancerígenos, como os hidrocarbonetos aromáticos policíclicos (PAH), é mais elevado nas partículas formadas a baixas temperaturas do que a temperaturas mais elevadas. As partículas sólidas, ou seja, as partículas do aerossol de combustão que não se evaporam quando são expostas a temperaturas mais elevadas, são partículas constituídas principalmente por carbono. A parte principal de todas as partículas é carbonosa e forma-se durante a combustão do combustível em regiões do cilindro onde o fornecimento de oxigénio é insuficiente.

David W. Layton e Alfredo A. Marchetti [11] Os teores de oxigénio da DBM e da TGME são praticamente os mesmos e, consequentemente, a sua eficácia como agentes de mistura de gasóleo para reduzir as emissões de fuligem deve ser comparável. No entanto, as suas estruturas químicas e propriedades físico-químicas associadas são nitidamente diferentes. A DBM é pouco solúvel em água e tem uma elevada afinidade para a matéria orgânica em meios ambientais. A TGME, pelo contrário, é bastante solúvel em água e não absorve fortemente a matéria orgânica. Além disso, com base nas relações estrutura-atividade, prevê-se que a DBM sofra biodegradação aeróbia e hidrólise no solo/água subterrânea e nas águas de superfície. O TGME, no entanto, é suscetível de ser recalcitrante nesses meios devido aos seus grupos éter, que são conhecidos por inibir a biotransformação. No entanto, o TGME seria menos móvel do que o MTBE nos sistemas do solo devido a uma maior sorção e a um menor transporte na fase de vapor. Em resumo, demonstrámos a aplicação de um conjunto de modelos de transporte e destino de contaminantes que fornecem informações de diagnóstico sobre o desempenho ambiental relativo dos compostos relacionados com os combustíveis. A utilização de tais modelos na fase pré-comercial do desenvolvimento do produto pode ajudar a evitar a introdução de compostos que podem ter propriedades benéficas para o motor/emissões, mas cujo desempenho ambiental produz impactos indesejáveis, como a contaminação das águas subterrâneas, cuja reparação é dispendiosa. Além disso, a aplicação precoce destes modelos de diagnóstico pode ajudar a orientar estudos experimentais para fornecer dados sobre parâmetros-chave. Por exemplo, as simulações aqui apresentadas indicam que os potenciais de biodegradação do DBM e do TGME precisam de ser examinados com mais pormenor para determinar se é provável que persistam no ambiente.

Adelbert S. Cheng e Robert W. Dibble [12] Os resultados dos ensaios experimentais no motor Cummins B5.9 indicam que as misturas de DMM e DEE no gasóleo e no gasóleo F-T podem reduzir substancialmente as emissões de partículas. Dos combustíveis testados, as maiores reduções de PM foram observadas com DMM30%, que produziu 35% menos PM numa base média modal quando comparado com a linha de base diesel. As misturas DEE reduziram as emissões de partículas para todos os níveis de mistura, exceto o mais baixo (DEE5%). O gasóleo F-T produziu resultados impressionantes, com menos 29% de partículas em comparação com o gasóleo. As emissões de NOx para estes combustíveis de ensaio foram reduzidas entre 1 e 10% e foram acompanhadas por reduções na eficiência de conversão do combustível. Os dados modais individuais mostraram uma grande dispersão no efeito

das misturas DMM e DEE nas emissões de partículas. Foram observadas grandes reduções nos modos de potência mais elevados, enquanto não se registaram alterações ou foram observados aumentos significativos nos modos de potência mais baixos. A presença de compostos adsorvidos pode ter contribuído significativamente para a massa de partículas nos modos de potência mais baixa (e, por conseguinte, de temperatura mais baixa).

WANG YANXIA e LIU YONGQI [13] As caraterísticas de desempenho e emissões de um motor diesel abastecido com as misturas DMC-EGM-diesel foram investigadas, e os principais resultados são resumidos a seguir: A adição de DMC e EGM ao gasóleo altera as propriedades físico-químicas das misturas. A densidade energética das misturas diminui com o aumento de DMC-EGM. Enquanto o teor de oxigénio das misturas aumenta, resultando em alguns efeitos favoráveis na combustão das misturas. A densidade energética das misturas DMC-EGM-diesel é mais elevada do que a das misturas DMC-diesel. Por conseguinte, a redução da potência de saída para as misturas DMC-EGM-diesel é menor em comparação com as misturas DMC-diesel. Fumo e

As emissões de CO podem ser notavelmente reduzidas com a adição de DMC e EGM ao gasóleo, especialmente a cargas mais elevadas. A redução máxima de fumos é de cerca de 58,8% quando abastecido com DMCEGM15 em condições de plena carga. As misturas de gasóleo com 15% de DMC e EGM por volume são a melhor fração para a redução das emissões de fumo e CO. As emissões de HC diminuem gradualmente em todas as condições de funcionamento quando o teor de DMC e EGM nas misturas é aumentado a cargas mais elevadas. No entanto, as emissões de HC do DMCEGM15 e do DMCEGM20 são mais elevadas do que as do gasóleo a cargas mais baixas. As misturas DMC-EGM-diesel têm poucos efeitos sobre as emissões de NOx. Todos estes resultados indicam o potencial das misturas DMC-EGM-diesel para uma combustão limpa no motor diesel.

P.J.M. Frijters e R.S.G. Baert [14] Foram apresentados resultados de ensaios com diferentes misturas de combustíveis diesel modernos e futuros com oxigenados num motor diesel HD. O sistema de combustão deste motor foi modificado para o tornar representativo das gerações de motores modernos e futuros. Para os mesmos níveis-alvo de NOx baixos (EURO-4 a EURO-5), o combustível diesel sintético Fischer±Tropsch de alto teor de carbono (ou seja, SMDS, combustível K) produz emissões de d-PMc comparáveis ou (significativamente) inferiores às do combustível diesel normal EN590: 2005; a redução de d-PMc depende do ponto de funcionamento do motor. A adição de oxigenados resulta numa redução adicional considerável de d-PMc, com as misturas FT a apresentarem um melhor desempenho do que as misturas SC1. A redução de d-PMc com oxigenados está fortemente relacionada com o teor de oxigénio do combustível. Outras propriedades da mistura de combustível também afectam a redução de PM, especialmente a uma fração de massa de oxigénio inferior; a uma dada fração de massa de oxigénio, não foi possível observar uma correlação clara entre o CN e a redução de d-PMc. Com misturas oxigenadas, são possíveis níveis de d-PMc de 0,01 g/kWh a níveis de oxigénio de 15m%.

Nafis Ahmad, A Y F Bokhary [15] Foi realizada uma investigação experimental para explorar o desempenho da utilização de misturas de combustível de karanj, pinhão-manso e farelo de arroz com gasóleo num motor diesel monocilíndrico de injeção direta e os resultados obtidos sugerem as seguintes conclusões: As misturas de óleos de karanj, de pinhão-manso e de farelo de arroz e o gasóleo puro apresentaram um desempenho semelhante e um nível de emissões muito semelhante em condições de funcionamento comparáveis, embora se tenha verificado que as partículas eram mais elevadas para o gasóleo e mínimas para o óleo de karanj. O karanj também apresenta baixos depósitos de carbono em comparação com outros combustíveis. O consumo de combustível do motor aumentou com as misturas de combustível com gasóleo. Observou-se uma diferença marginal na velocidade do motor quando este funcionou em modo de mistura de combustível. Esta diferença de velocidade pode dever-se à alteração do poder calorífico.

O motor não podia funcionar a plena carga porque se geravam e acumulavam mais depósitos de carbono na cabeça do motor quando este funcionava com misturas de farelo de arroz, pinhão-manso e karanja, o que provocava vibrações no motor, pancadas e um funcionamento irregular do motor.

Prajapati Simit B., et al. [16] Estão disponíveis DMC e EGM como aditivos oxigenados que possuem um maior teor de oxigénio em comparação com o gasóleo. A adição de DMC e EGM ao gasóleo altera as propriedades físico-químicas das misturas. A densidade energética das misturas diminui com o aumento de DMC-EGM. Todos os resultados acima referidos indicam o potencial das misturas DMC-EGM-diesel para uma combustão limpa no motor diesel. Assim, se estes aditivos forem adicionados ao gasóleo numa proporção adequada, melhorarão o desempenho do motor e as caraterísticas das emissões. Se a proporção destes aditivos for superior, o desempenho do motor diminui porque os aditivos têm um valor calorífico inferior ao do gasóleo. Outros obstáculos à utilização de aditivos para combustíveis oxigenados são o seu elevado preço e a sua fraca disponibilidade.

T. Krishnaswamy e N. Shenbaga Vinayaga Moorthi [17] Os efeitos da adição de bioetanol e biodiesel ao combustível para motores diesel no desempenho do motor e nas caraterísticas das emissões do motor diesel ligeiro de quatro cilindros foram investigados e comparados com o combustível para motores diesel de base. Os principais resultados podem ser obtidos da seguinte forma: As misturas etanol-biodiesel-diesel têm uma viscosidade semelhante à do gasóleo e uma boa estabilidade de fase do que a mistura etanol-diesel; o BSFC aumentou ligeiramente devido ao menor teor energético do etanol e a eficiência térmica da travagem melhorou em relação ao gasóleo de base; as emissões de fumos e de NO diminuíram simultaneamente quando se utilizaram misturas de gasóleo oxigenado em motores diesel; as emissões de CO e de HC aumentaram ligeiramente a cargas mais baixas em comparação com o gasóleo; a formulação de gasóleo com biocombustíveis oxigenados pode reduzir as emissões de partículas dos motores diesel de veículos em circulação; e a mistura de combustíveis renováveis com gasóleo ajuda a obter baixas emissões de carbono dos motores diesel.

Dan Haupt, et al. [18] Não foi possível efetuar uma comparação absoluta entre um motor diesel alimentado a etanol e um motor diesel equipado com o melhor equipamento de pós-tratamento. Uma das razões é que o sistema de pós-tratamento utilizado não foi finalmente optimizado para este tipo de motor a etanol. Outra razão é o facto de o

O motor diesel mostrou emissões inesperadamente elevadas de NOX e HC, o que é indicativo de um motor sub-otimizado. No entanto, o desempenho do sistema DNOX não foi diminuído de forma alguma pelo funcionamento subóptimo do motor diesel. Algumas conclusões gerais são: É possível obter uma redução eficiente das emissões regulamentadas de um motor diesel alimentado a etanol equipando-o com EGR de baixa pressão, DPF e um catalisador de oxidação. A redução das emissões de HC-, CO- e NOx foi de 72%, 98% e 27%, respetivamente. A massa estimada de partículas foi reduzida em 67%. O potencial de redução das emissões de NOX e de partículas com o sistema DNOX é provavelmente muito maior do que este estudo demonstrou. Utilizando um rácio EGR mais elevado, deve ser possível obter uma redução muito maior de NOX do motor alimentado a etanol. Naturalmente, a redução de NOX tem de ser equilibrada com a durabilidade do sistema. A impressão geral é que os motores diesel alimentados a etanol têm potencial para se tornarem ainda mais limpos. As emissões de partículas e de NOX são relativamente baixas, mesmo sem qualquer controlo das emissões. Com a utilização do equipamento correto, devem ser atingidos níveis de emissões ainda mais baixos, mas para que o potencial ambiental do combustível seja plenamente explorado, devem ser tomadas outras medidas. Uma dessas medidas pode ser equipar o motor com um sistema moderno de injeção de combustível.

Kent Nord e Dan Haupt [19] No que diz respeito à emissão de partículas, não tem sido claro se um motor alimentado a etanol emite partículas mais pequenas ou partículas da mesma gama que quando se utiliza gasóleo. Este projeto mostrou que um motor alimentado a etanol emite, em geral, menor massa de partículas, partículas de menor dimensão e um número de emissões aproximadamente igual ou superior ao do motor alimentado a gasóleo. O projeto revelou também que as partículas sólidas emitidas pelos motores a etanol são compostas principalmente por carbono e que o carbono tem a mesma forma cristalina que as partículas de carbono emitidas pelo gasóleo. Foi demonstrado que a forma das partículas aglomeradas depende da velocidade, do combustível e do controlo das emissões. O projeto mostrou também que o controlo das emissões é uma forma eficaz de reduzir as emissões de partículas emitidas pelos motores a etanol. A técnica de controlo das emissões é decisiva para o efeito sobre as emissões. Os catalisadores reduzem as emissões de partículas em menor grau do que o DPF, mas a função principal de um catalisador não é reduzir as partículas, como no caso do DPF. Apesar do facto de o sistema DNOxTM utilizado, que compromete a EGR, o DPF e um catalisador de oxidação (no DPF), não estar muito bem adaptado ao motor alimentado a etanol, verificaram-se grandes reduções das emissões de partículas e da massa de partículas nos respectivos motores quando estes estavam equipados com o sistema DNOxTM, em comparação com os motores que não dispunham de controlo de emissões. Surpreendentemente, parece que
que as propriedades do melhorador de ignição tiveram uma influência na capacidade de redução do DPF. A importância do melhorador de ignição será objeto de mais investigações. A impressão geral foi que o DPF parece funcionar bem para a redução de partículas de combustíveis de etanol, embora a função de longo prazo não tenha sido investigada.

Dan Haupt e Kent Nord [20] Os ensaios realizados por outros mostraram que o sistema de pós-tratamento estudado reduz eficazmente as partículas e as emissões de NOX dos motores a gasóleo. Esta investigação mostra que o sistema funciona mesmo para motores alimentados a etanol. Obtém-se uma redução significativa de todos os aldeídos e de quase todos os hidrocarbonetos analisados quando se liga o sistema de pós-tratamento ao motor alimentado a etanol. As experiências também mostraram que o sistema funcionou mais eficazmente quando acoplado ao motor diesel. Uma conclusão geral é, portanto, que deve ser possível ajustar melhor este sistema para atingir níveis de emissões muito baixos. É, provavelmente, também necessário trocar o catalisador do sistema.

Kent E. Nord e Dan Haupt [21] Investigou-se o efeito da recirculação dos gases de escape (EGR), com e sem gás de escape após tratamento, num motor de ignição por compressão alimentado a etanol. O motor foi montado num banco de ensaio de motores e conduzido de acordo com o Ciclo Transiente Europeu (ETC) e o Ciclo Estacionário Europeu (ESC) enquanto se mediam os óxidos de azoto (NOX), os hidrocarbonetos (HC), o monóxido de carbono (CO) e as partículas (PM). Foram testados quatro níveis diferentes de EGR com e sem gás de escape após tratamento. Obteve-se uma redução eficiente dos níveis de emissão de NOX com a aplicação da EGR; dependendo do pós-tratamento dos gases de escape e do ciclo de ensaio utilizado, as reduções de NOX situaram-se entre 73% e 33%. Infelizmente, a elevada redução dos NOX foi seguida de emissões mais elevadas de CO, HC e PM e de penalizações em termos de combustível. A solução para os níveis mais elevados de emissões de HC, CO e PM foi um catalisador de oxidação e um filtro de partículas diesel (DPF), tendo as penalizações de combustível sido reduzidas para 4,5% através de uma seleção cuidadosa das regulações EGR. Com a configuração correta, o motor foi aprovado na norma Euro 5, bem como na norma EEV (Environmental Enhanced Vehicle). A conclusão é que o etanol deve ser considerado como uma das principais alternativas quando se discute a substituição do gasóleo.

Kent Nord, et al. [22] Um sistema de motor de ar húmido (HAM) para redução dos NOX foi ligado a um motor diesel de onze litros. Estudos anteriores demonstraram que o sistema tem capacidade para reduzir as emissões de NOX dos motores diesel. O presente estudo tem por objetivo investigar a influência do sistema nas emissões de partículas e aldeídos, monitorizar os parâmetros essenciais do motor, o consumo de água e verificar a capacidade de redução dos NOX. O sistema foi ensaiado sob as várias condições de velocidade e carga indicadas no procedimento de ensaio ECE R-49 de 13 modos. Foram efectuados ensaios adicionais para amostragem e medição de partículas. Os resultados mostraram que a concentração do número de partículas aumentou normalmente quando o HAM foi acoplado ao motor. O aumento da concentração do número de partículas, observado em cinco dos seis modos de funcionamento, variou entre 46 % e 148 %. Não se observou qualquer tendência que indicasse uma mudança no diâmetro médio das partículas quando se utilizou o HAM. O desempenho do motor quase não foi afetado, enquanto o sistema HAM provocou uma grande redução das emissões de NOX. Mesmo sem otimização das condições experimentais, a redução média de NOX durante os diferentes modos da ECE R-49 foi superior a 51%. A redução estava diretamente relacionada com a humidade do ar de entrada e pode prever-se uma maior redução com uma humidade mais elevada. A influência do sistema nas emissões de hidrocarbonetos (HC) foi negligenciável, tendo-se registado um aumento moderado nas emissões de monóxido de carbono (CO). Não foi possível detetar uma relação segura entre a humidade do ar e os efeitos observados (isto é, nos HC e CO). Foram também recolhidas amostras para deteção de acetaldeído e formaldeído. Os resultados indicam uma redução de aldeídos na gama de 78% a 100%, quando se utiliza o HAM. Infelizmente, estas grandes reduções podem ser falsas, uma vez que não se pode excluir que resultem de uma combinação de elevada humidade do ar e da técnica de amostragem utilizada.

M. Nurun Nabi et al. [23] As partículas (PM) e os óxidos de azoto (emissões de NOx) são as duas emissões nocivas mais importantes dos motores diesel. Este documento relata o papel dos combustíveis oxigenados nas emissões diesel. As emissões de NOx, fumo e PM com combustíveis oxigenados foram reduzidas na maioria dos casos. Os investigadores de motores estão à procura de combustíveis alternativos adequados para o motor diesel. Entre os diferentes combustíveis alternativos, o combustível oxigenado é um tipo de combustível alternativo. O éter dimetílico do di-etilenoglicol (DGM), o di-metoxi-metano (DMM), o éter dimetílico (DME), o éter dietílico (DEE), o éter metil-ter-butílico (MTBE), o éter di-butílico (DBE), o carbonato dimetílico (DMC), o metanol e o etanol têm desempenhado o seu papel na redução das emissões dos motores diesel. Estes combustíveis podem ser utilizados como mistura com o combustível para motores diesel convencional ou como combustível puro. No entanto, o aumento das emissões de NOx também foi registado com os combustíveis oxigenados. As reduções das emissões dependiam principalmente do oxigénio do combustível. As reduções foram máximas na percentagem máxima de oxigénio do combustível. As emissões de CO foram reduzidas com todos os combustíveis oxigenados em amplas gamas de carga de funcionamento. As reduções foram significativas nas gamas de carga mais elevadas. O oxigénio do combustível, que foi responsável pela redução das emissões de CO, efectuou a combustão completa na região rica em combustível. As reduções das emissões de fumo, partículas, CO e HC dependeram do teor de oxigénio do combustível. Os pontos de ebulição mais baixos e a menor volatilidade dos combustíveis oxigenados foram os factores adicionais para a redução destas emissões. A eficiência térmica do motor foi reduzida e, em alguns casos, aumentada com combustíveis oxigenados.

T. Nibin et al. [24] O objetivo desta investigação foi melhorar o desempenho de um motor diesel através da adição de aditivos oxigenados ao combustível em percentagens conhecidas. O efeito do aditivo para combustível foi o controlo das emissões do motor diesel e a melhoria do seu desempenho. O aditivo de combustível carbonato de di-metilo foi misturado com combustível diesel em concentrações de 5%, 10% e 15% e utilizado. O estudo experimental foi efectuado num motor diesel de vários cilindros. Os resultados mostraram uma redução apreciável das emissões, tais como partículas, óxidos de azoto, densidade dos fumos e um aumento marginal do desempenho, quando comparado com o motor diesel normal. O nível de fumo e de partículas diminui com a adição de 5% de DMC (carbonato de dimetilo) ao gasóleo puro. O nível de NOx diminui com a adição de 5% de DMC ao gasóleo puro. O nível de fuligem diminui com a adição de aditivos ao gasóleo puro. Verifica-se um aumento marginal da eficiência de conversão dos fumos com a adição de 5% de DMC ao gasóleo puro. Verifica-se um aumento marginal da eficiência térmica da travagem com a adição de 5% de DMC ao gasóleo puro O BP é drasticamente reduzido para 5% de DMC com gasóleo puro em comparação com a solução de amostra.

Li Xiaolu et al. [25] Para estudar a combustão de DMC (carbonato de dimetilo) em motores diesel, este documento propõe uma abordagem que combina a recirculação interna dos gases de escape (EGR) com uma pequena injeção de combustível diesel para inflamar o DMC. Com base nesta abordagem, foi desenvolvido um motor diesel de dois tempos e um cilindro. Estudos preliminares demonstraram que este motor pode ser alimentado com DMC com um nível quase nulo de fumo e uma baixa temperatura dos gases de escape. Este motor alimentado com DMC tem emissões mais baixas de óxidos de azoto (NOx) e uma eficiência térmica efectiva 2-3% mais elevada do que o motor que funciona com combustível diesel em zonas de carga moderada e elevada. Foram efectuadas outras experiências com um conjunto de sistemas avançados de medição por velocimetria de imagem de partículas digitais (DPIV) para estudar a pulverização de DMC.

Depois de analisar a pesquisa bibliográfica sobre o combustível oxigenado, concluiu-se que muito pouco trabalho foi feito relativamente à utilização de DMC como combustível oxigenado no motor diesel. Depois de analisarmos vários artigos de investigação, verificámos que, anteriormente, o trabalho foi feito sobre as caraterísticas de desempenho do motor utilizando o combustível oxigenado, mas há muito pouco trabalho feito para diminuir os níveis de emissão no motor CI. Como já foi referido, as emissões do motor a gasóleo são muito prejudiciais e as alterações das condições ambientais estão a levar os governos a tornar mais rigorosas as leis relativas aos níveis de emissões, pelo que concentrei o meu trabalho na utilização de DMC como mistura de combustível no motor a gasóleo para reduzir as emissões e verificar as várias caraterísticas de desempenho do motor.

2.4 OBJECTIVO DO TRABALHO

O presente estudo envolve a utilização de um motor diesel ligeiro-médio, que é utilizado comercialmente, para estudar a capacidade de utilizar misturas de diesel e carbonato de dimetilo com ajustamentos mínimos no hardware do motor. Vários estudos com DMC puro mostraram que são possíveis reduções significativas das emissões. No entanto, quando o DMC puro foi utilizado, a durabilidade do sistema de combustível foi significativamente reduzida. Por conseguinte, este facto sugere a necessidade de um melhorador de lubricidade no combustível. Neste estudo, a hipótese é que o gasóleo pode fornecer as qualidades lubrificantes necessárias, ao mesmo tempo que utiliza DMC misturado com gasóleo numa quantidade que proporciona uma redução das emissões. Existem muito poucas informações e dados sobre a utilização de carbonato de dimetilo e gasóleo misturados. Uma vez que se demonstrou que o carbonato de dimetilo reduz significativamente a durabilidade do sistema de combustível, a mistura de DMC com gasóleo melhorará a qualidade de lubrificação do fluido. O objetivo deste estudo é efetuar uma avaliação inicial da redução das emissões com a utilização das misturas de combustível.

A hipótese está a ser testada através de uma abordagem em três etapas:
1. Desenvolver uma instalação de ensaio de motores,
2. Modificar um sistema de combustível para funcionar com misturas de combustível DMC-diesel, e
3. Recolher dados relativos às emissões totais de gases de escape e ao desempenho do motor.

2.4.1 Desenvolver um equipamento de ensaio com todos os equipamentos necessários

Para o trabalho de experimentação, foi selecionado um motor diesel monocilíndrico a 4 tempos, utilizado comercialmente, de modo a que a importância do trabalho possa ser verificada na prática. Um pequeno dinamómetro de correntes de Foucault/tipo hidráulico (gerador) é acoplado ao motor e, para o carregar, foi concebida uma célula de carga constituída por 5 tubos de calor de 500 W cada. Outros equipamentos incluem a medição das várias caraterísticas do motor, nomeadamente o tacómetro digital para a medição da velocidade, o termopar para a medição da temperatura do ar de admissão e dos gases de escape; é também criado um visor para verificar a variação da tensão e da corrente durante o ensaio. Para medir o consumo de combustível e o fluxo de ar do motor, é utilizada uma bureta e uma caixa de ar com risco. Por último, mas não menos importante, são utilizados um medidor de fumos e um analisador multigases para verificar as emissões do motor.

2.4.2 Para preparar as misturas de combustível

Após o desenvolvimento do equipamento de ensaio, outro trabalho importante consiste em preparar as misturas de combustível com diferentes percentagens de DMC no gasóleo. Para o efeito, foram utilizados pequenos frascos cónicos de vidro, uma vez que têm marcações. As diferentes misturas foram preparadas com 200 ml cada. A proporção de DMC no gasóleo é de 5%, 10%, 15% e 20%. Foi também preparada uma mistura de gasóleo puro para a comparar com a DMC.

2.4.3 Para gerar dados para análise

A etapa seguinte do trabalho de investigação consiste em gerar dados para o trabalho de análise. Para o efeito, o motor é trabalhado a diferentes cargas e com diferentes misturas para estudar as caraterísticas de desempenho. Todas as leituras foram efectuadas a uma velocidade constante e as leituras para o gasóleo puro também foram efectuadas. As leituras efectuadas durante o ensaio mostram o desempenho do motor.

2.4.4 Para preparar as caraterísticas de desempenho

A última etapa do trabalho de investigação consiste em preparar as caraterísticas de desempenho do DMC como uma mistura no motor diesel e compará-lo com as leituras do diesel puro. Para tal, foram elaboradas tabelas e gráficos para estudar a variação de diferentes parâmetros, que incluem a potência de travagem, a eficiência térmica de travagem, o consumo específico de combustível de travagem e o consumo específico de energia de travagem. Para além disso, as emissões do motor também são analisadas para conhecer o efeito do DMC no escape do motor. Os vários gases de escape foram tabelados e comparados em gráficos de barras para se obter uma imagem clara. São estudadas as emissões de CO (monóxido de carbono), CO2 (dióxido de carbono), NOx (óxido nítrico), O2 (oxigénio), HC (hidrocarboneto) e fumo.

CAPÍTULO 3

DESENVOLVIMENTO DE UM EQUIPAMENTO DE ENSAIO EXPERIMENTAL

3.1 INTRODUÇÃO

Este capítulo procura descrever os meios pelos quais a investigação contida nesta tese foi recolhida. Serão explicados o motor, os seus acessórios, os vários critérios de ensaio, os analisadores de emissões, bem como a recolha física de MP e os métodos analíticos utilizados. A Figura 3.1 mostra a vista do banco de ensaio com todos os equipamentos utilizados para a realização da experiência. O gasóleo escolhido para a experimentação é amplamente utilizado em actividades comerciais no sector agrícola e em indústrias de pequena escala. O banco de ensaio experimental é fácil de desenvolver e de efetuar a experiência. O objetivo é examinar a utilidade prática do combustível oxigenado em aplicações comerciais. A Figura 3.2 mostra a disposição esquemática do banco de ensaio, com a configuração experimental e todos os instrumentos.

3.2 DESCRIÇÃO DO MOTOR

O motor diesel selecionado para a experimentação é da marca Kirloskar Oil Engines Limited, Índia. Trata-se de um motor diesel monocilíndrico, a 4 tempos, arrefecido a água, com uma potência nominal de 5 cv. O motor de injeção direta CI foi concebido para a combustão de gasóleo de petróleo. O injetor de combustível está localizado perto do centro da câmara de combustão. O equipamento de ensaio do motor a gasóleo monocilíndrico é constituído por uma máquina geradora acoplada a uma célula de carga e é utilizado para carregar o motor. O arranque do motor é efectuado por arranque manual com a ajuda de um manípulo destacável do tipo lingueta. O combustível é fornecido ao motor a partir do depósito de combustível através do filtro de combustível após a medição do combustível com uma bureta. A pressão e a temperatura do ar fornecido ao motor também são medidas. A rotação é feita no sentido dos ponteiros do relógio em direção ao volante do motor. Está montado um regulador centrífugo para manter a velocidade constante. O motor está corretamente equilibrado e o volante está equilibrado estaticamente para o bom funcionamento do trabalho experimental. A Tabela 3.1 apresenta as especificações do motor diesel utilizado na experiência.

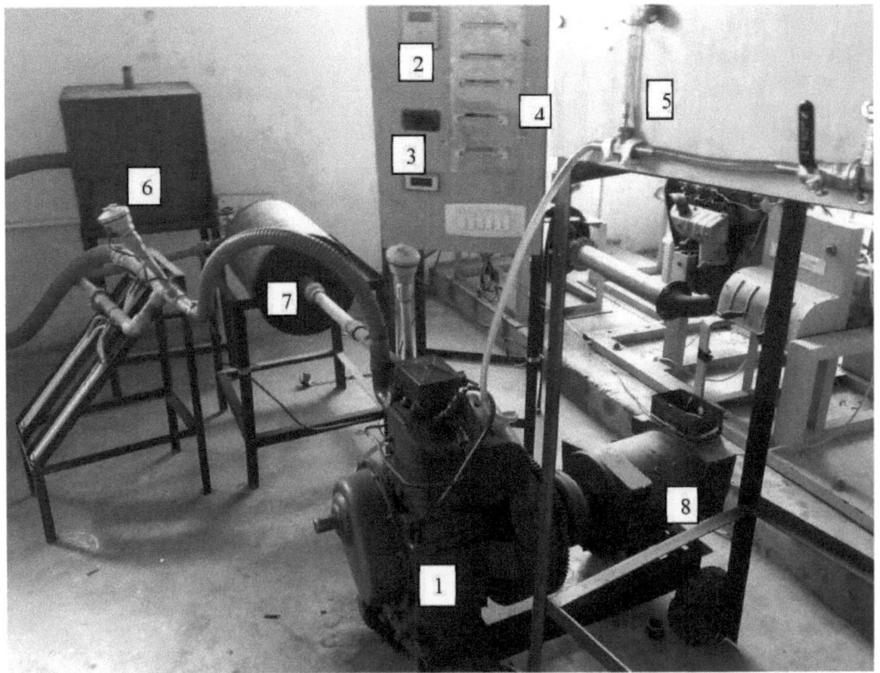

Figura 3.1 Equipamento de ensaio com todo o equipamento

1. Motor
2. Indicador de temperatura
3. Indicador de tensão e corrente
4. Célula de carga
5. Medição do consumo de combustível
6. Medição do caudal de ar
7. Análise das emissões
8. Gerador

BASE

Figura 3.2 Disposição esquemática do banco de ensaio (diagrama de blocos)

1. Depósito de combustível

2. Bureta (para medição do combustível)

3. Filtro de combustível

4. Filtro de ar

5. Motor diesel

6. Gerador

7. Célula de carga

8. Termopar

9. Analisador de gases de emissão

Engine manufacturer	Kirloskar Oil Engines Limited, India
Engine type	Vertical, 4stroke, Single cylinder, DI
Cooling	Water cooled
Dynamometer	Eddy current dynamometer
Rated power	3.7 kW at 1500 rpm
Horse power	6.5
Bore/Stroke	80/110 (mm)
Compression Ratio	16.5:1
Injection pressure	200kg/cm2

Volts	240
Amps	17.5
Engine weight (kg)	175

Quadro 3.1 Especificações do equipamento de ensaio

3.3 INSTRUMENTOS UTILIZADOS NO TRABALHO EXPERIMENTAL

Os vários instrumentos que são utilizados para medir os diferentes parâmetros para estudar as caraterísticas de emissão e desempenho do motor diesel são discutidos nesta secção. 3.3.1 Medição da temperatura

A temperatura da mistura de admissão e dos gases de escape é medida utilizando o termopar do tipo K com um seletor de 6 canais e um medidor de painel digital, conforme indicado na figura 3.3. Um termopar consiste em dois condutores de materiais diferentes (normalmente ligas metálicas) que produzem uma tensão na vizinhança do ponto em que os dois condutores estão em contacto. A tensão produzida depende, mas não é necessariamente proporcional, da diferença de temperatura entre a junção e outras partes desses condutores. Os termopares são um tipo de sensor de temperatura muito utilizado para medição e controlo. Os termopares comerciais são baratos, intercambiáveis, são fornecidos com conectores padrão e podem medir uma ampla gama de temperaturas.

Figura 3.3 Indicador de temperatura

3.3.2 Medição da velocidade

A velocidade do motor é medida com o tacómetro, como mostra a figura 3.4. Um tacómetro (contador de rotações, medidor de RPM) é um instrumento que mede a velocidade de rotação de um eixo. O dispositivo apresenta as rotações por minuto (RPM) num visor digital calibrado. Mede a velocidade de rotação através de um feixe de luz vermelha visível proveniente de um LED potente. É uma óptima ferramenta para medir as RPM de motores e peças de máquinas. Para efetuar a medição, aplicamos uma marca reflectora (incluída na embalagem) no objeto alvo, apontamos o raio laser para a marca e as RPM são apresentadas no ecrã LCD.

Figura 3.4 Medição da velocidade por tacómetro digital

3.3.3 Consumo de combustível e medição do caudal de ar

A medição do consumo de combustível e do caudal de ar é muito importante, uma vez que o desempenho do motor só pode ser medido com precisão depois de se conhecer o combustível consumido. A figura 3.5 mostra o método utilizado para medir o consumo de combustível.

Figura 3.5 Medição do consumo volumétrico de combustível

Os dois tipos básicos de métodos de medição do combustível são o tipo volumétrico e o tipo gravimétrico. O método mais simples de medição do consumo volumétrico de combustível é o tipo volumétrico, utilizando uma bureta de volume conhecido e fazendo-lhe marcações. O tempo que o motor demora a consumir este volume conhecido é medido com um cronómetro. O volume dividido pelo tempo dará o valor

caudal volumétrico. O tempo necessário para consumir 10 cm^3 do combustível é medido e utilizado para análise posterior.

Os vários métodos e medidores utilizados para a medição do caudal de ar incluem o método da caixa de ar e o medidor de caudal viscoso. A obtenção do consumo de ar é bastante difícil, uma vez que o ar é um fluido compressível, pelo que, para calcular o caudal de ar, é montada no motor uma caixa de ar de diâmetro adequado com um orifício na parte lateral da caixa. A figura 3.6 mostra o método utilizado para medir o caudal de ar. Mede-se também a diferença de pressão entre a pressão atmosférica e o ar de admissão ao motor.

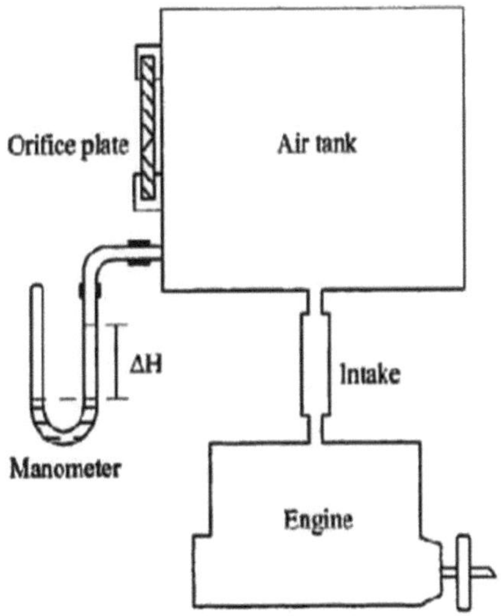

Figura 3.6 Medições do caudal de ar

3.3.4 Medições da potência de travagem

A medição da potência de travagem envolve a determinação do binário e da velocidade angular do veio de saída do motor. O dispositivo de medição do binário é designado por dinamómetro. Os dinamómetros podem ser classificados em dois tipos principais: dinamómetros de absorção de potência e dinamómetros de transmissão. O princípio básico de um dinamómetro é que o rotor acionado pelo motor em ensaio é acoplado eléctrica, hidráulica ou magneticamente a um estator. Por cada rotação do veio, a periferia do rotor move-se numa distância $2\pi r$ contra a força de acoplamento F. Assim, o trabalho realizado por rotação é;

$$W = 2\pi RF$$

O motor é acoplado ao gerador com a ajuda de um acoplamento de borracha, como mostra a figura 3.7.

Além disso, a alimentação deste grupo gerador é fornecida a uma célula de carga eléctrica que contém 5 tubos de aquecimento de 500 watts cada, como se mostra na figura 3.8. Estes tubos podem ser ligados para aplicar carga no motor até 2500 W. Contém também a unidade de visualização que mostra as leituras de tensão e corrente que mudam consoante a carga aplicada.

Figura 3.7 Grupo eletrogéneo acoplado ao motor

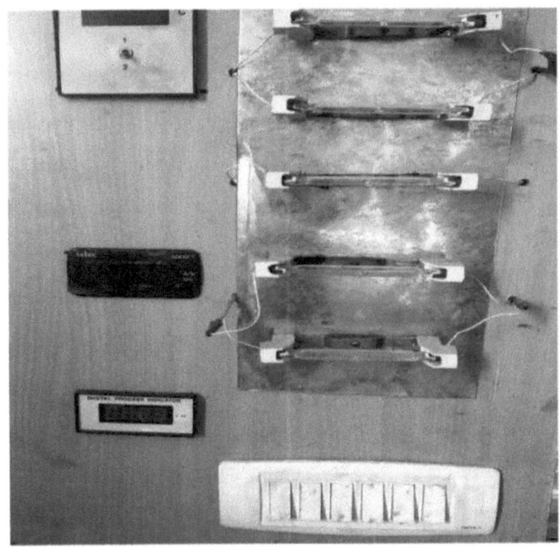

Figura 3.8 Célula de carga eléctrica e unidade de visualização

3.3.5 Medição das emissões de gases de escape

As substâncias que são emitidas para a atmosfera pela porta de escape do motor são

41

designadas por emissões de escape. Se a combustão for completa e a mistura for estequiométrica, os produtos da combustão consistirão apenas em dióxido de carbono (CO2) e vapor de água. A figura 3.9 mostra a disposição esquemática da medição das emissões de escape.

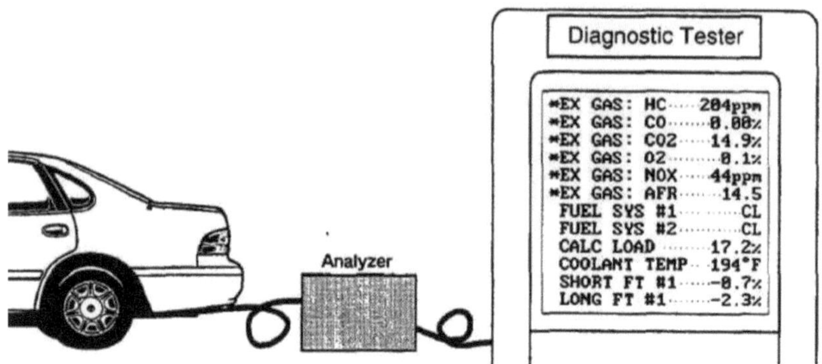

Figura 3.9 Esquema da medição das emissões de gases de escape

No entanto, não há combustão completa do combustível e, por conseguinte, os gases de escape são constituídos por uma variedade de componentes, sendo os mais importantes o monóxido de carbono (CO), os hidrocarbonetos não queimados (UBHC) e os óxidos de azoto (NOx). Algum oxigénio e outros gases inertes também estariam presentes nos gases de escape. Ao longo da década, foram desenvolvidos numerosos dispositivos para medir estes vários componentes dos gases de escape.

Para a análise das emissões de escape, utiliza-se um analisador de gases e um medidor de fumos para conhecer a percentagem dos vários gases nas emissões. Utiliza-se um analisador de emissões para automóveis da Airrex para medir as emissões, como mostra a figura 3.10. O princípio básico do medidor de fumos é aquele em que uma quantidade fixa de gases de escape é passada através de um papel de filtro fixo e a densidade das manchas de fumo no papel é avaliada opticamente. A figura 3.11 mostra o medidor de fumos utilizado para medir os fumos. No analisador de gases, efectua-se um método de separação dos constituintes individuais de uma mistura e, em seguida, um método para assegurar a sua concentração.

42

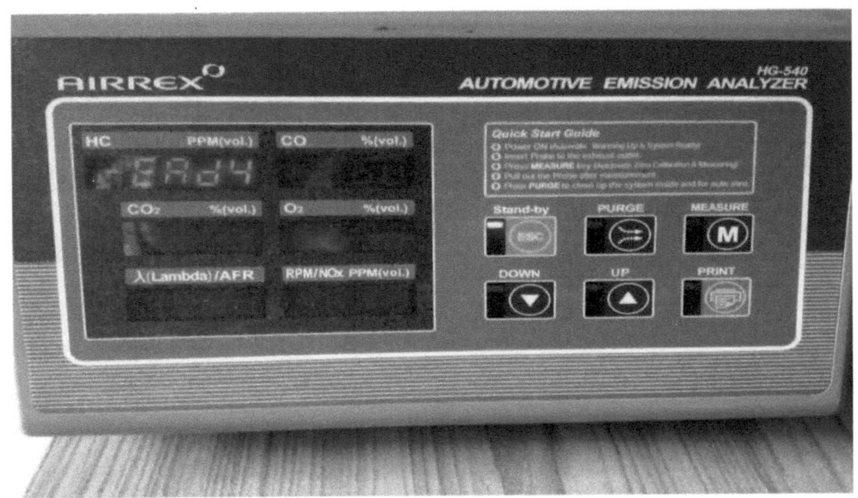

Figura 3.10 Analisador de gases de escape

Após a separação, cada composto pode ser analisado separadamente quanto à concentração. Este é o único método pelo qual cada componente existente numa amostra de gases de escape pode ser identificado e analisado.

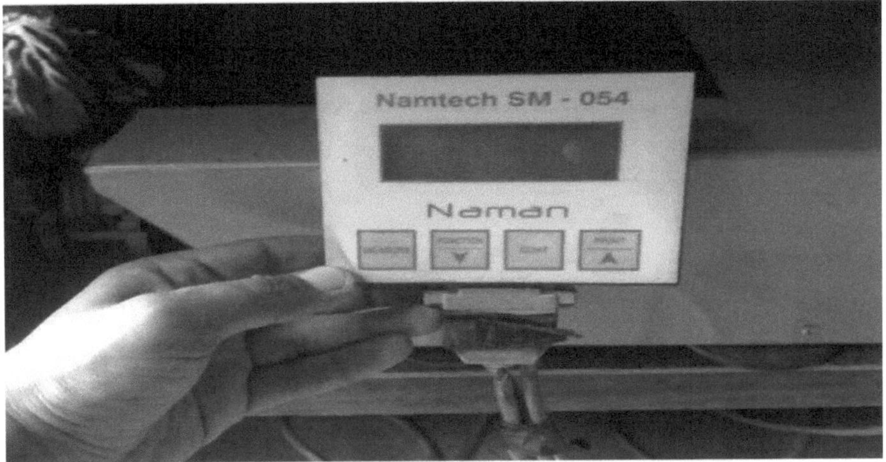

Figura 3.11 Medidor de fumo

CAPÍTULO 4

RESULTADOS E DISCUSSÃO

4.1 Introdução

O objetivo da investigação era demonstrar que um motor diesel podia funcionar com misturas de DMC no combustível diesel com alterações mínimas no motor. Neste estudo, o gasóleo puro (DMC0) foi utilizado como combustível de base para as misturas de DMC-diesel. As misturas contendo 5, 10, 15 e 20 por cento de combustível DMC em volume foram designadas por DMC5, DMC10, DMC15 e DMC20, respetivamente. Uma observação interessante foi que, durante a fase de mistura do combustível, notou-se que pequenas introduções de gasóleo DMC se dissolvem e dispersam facilmente. No entanto, a maior mistura de DMC no gasóleo (20DMC) não se dispersou facilmente e foi certamente necessária alguma agitação para obter um líquido monofásico aparentemente contínuo. Isto pode implicar que, com o tempo, o DMC se separe do gasóleo e talvez seja necessário algum tipo de tensioativo. Os ensaios foram efectuados num motor diesel de um cilindro e 4 tempos. Nesta secção, são apresentados resultados pormenorizados do efeito da adição de oxigénio nas emissões. Através de uma análise da incerteza, baseada nos métodos descritos por Moffat, são apresentadas barras de erro que mostram os intervalos de confiança de 95% em cada figura que mostra as emissões de escape. Efectuou-se um estudo de repetibilidade no funcionamento em estado estacionário do motor para um modo específico a fim de confirmar os desvios nos dados. Finalmente, as observações gerais do funcionamento do motor serão pormenorizadas e explicadas neste capítulo.

4.2 Abordagem experimental

Todos os ensaios foram efectuados em estado estacionário e a uma velocidade constante do motor de 1500 RPM. Para estudar os efeitos do DMC, o motor foi mantido a funcionar a carga constante com variações de DMC de 0%, 5%, 10%, 15% e 20%. Para efetuar a análise das emissões, os dados foram adquiridos em ciclos consecutivos do motor. Todos os ensaios foram efectuados um mínimo de três vezes em pelo menos duas ocasiões separadas e foi tomada uma leitura média de todos estes ensaios. Foi permitido um mínimo de 2 minutos para estabilização antes de se efectuarem quaisquer leituras. O software de emissões regista durante 100 segundos, fazendo uma leitura de 10 em 10 segundos. Em seguida, é calculada uma média. Todos os ensaios foram efectuados entre 19°

44

C à temperatura ambiente e 27° C depois de o óleo do motor ter atingido a temperatura suficiente. As leituras das condições atmosféricas: temperatura e pressão foram registadas e utilizadas para a análise da combustão e das emissões.

Foram efectuados vários trabalhos para confirmar que o motor estava a funcionar em condições estáveis, tendo sido registados vários dados enquanto o motor estava a funcionar. Estes dados incluem:

> Velocidade
> Consumo de combustível
> Potência, (calculada a partir da velocidade e do binário)
> Temperatura ambiente
> Temperatura dos gases de escape
> Fluxo de ar de massa
> Análise das emissões

A principal utilização destes dados é confirmar que as condições do motor eram semelhantes para cada mistura de combustível ensaiada, ou dentro de uma gama de cerca de 2%, e que o gasóleo puro é utilizado como referência para todas as misturas. Estes dados podem também ser utilizados para explicar os resultados das emissões e a forma como podem estar relacionados com as alterações das propriedades do combustível. Além disso, as temperaturas de escape são úteis para diagnosticar o comportamento do DMC no motor.

4.3 Caraterísticas de desempenho

Nesta rubrica, os dados recolhidos são tabulados, analisados e representados sob a forma de gráficos de barras e quadros para os comparar com o gasóleo puro. O foco principal está concentrado neste tópico porque toda a experiência se baseia nos cálculos e resultados dos testes efectuados no motor diesel. Esta rubrica está dividida em dois segmentos: um que trata do desempenho do motor e o segundo que trata da análise das emissões de escape, em que os vários gases de escape medidos serão comparados com o combustível de base para verificar as vantagens da utilização de DMC como mistura de combustível. O desempenho do motor é uma indicação do grau de sucesso do motor na realização da tarefa que lhe foi atribuída, ou seja, a conversão da energia química contida no combustível em trabalho mecânico útil. O desempenho de um motor é avaliado com base no seguinte:

> Eficiência térmica do travão

> Potência do travão
> Consumo específico de combustível nos travões.
> Consumo específico de energia nos travões
> Temperatura dos gases de escape

1.1.1 Efeito na potência do cavalo-freio (BHP)

O principal objetivo do funcionamento de um motor é a obtenção de potência mecânica. A potência é definida como a taxa de realização de trabalho e é igual ao produto da força e da velocidade linear ou ao produto do binário e da velocidade angular. Assim, a medição da potência envolve a medição da força (ou binário), bem como da velocidade. A força ou o binário é medido com a ajuda de um dinamómetro e a velocidade com um tacómetro. A potência desenvolvida por um motor e medida no veio de saída é designada por Brake Horse Power (BHP). A potência total desenvolvida pela combustão do combustível na câmara de combustão é, no entanto, superior à BHP e designa-se por potência indicada (IHP). Da potência desenvolvida pelo motor, ou seja, IHP, alguma potência é consumida para vencer o atrito entre as peças móveis, alguma no processo de indução do ar e na remoção dos produtos da combustão da câmara de combustão do motor.

$$BHP = (V*I)/880 \text{ KW}$$

Onde V é a tensão e I é a corrente medida.

O gráfico 4.1 mostra a potência de saída do motor (Brake Horse Power) sob as condições de funcionamento de carga variável. O gráfico mostra claramente que a potência do motor aumenta com a quantidade de oxigénio na mistura de combustível.

Gráfico 4.1 Variação da potência do cavalo-freio (kW) com a variação da carga

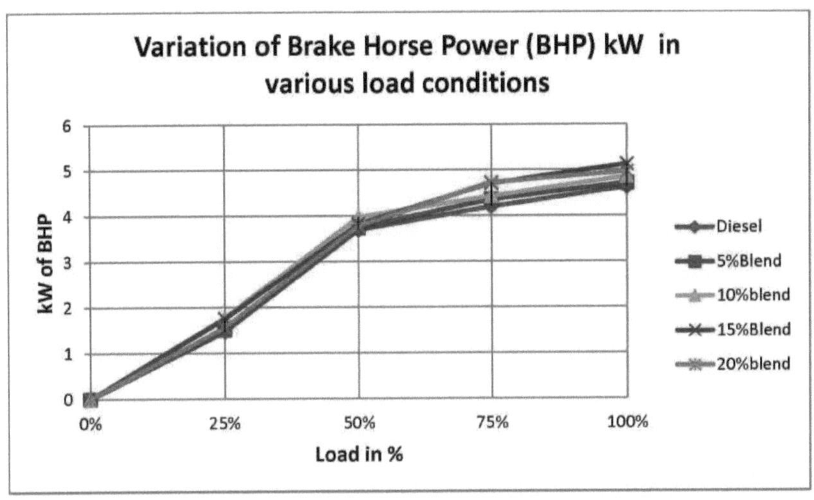

As densidades energéticas do DMC e do gasóleo são 16,9 e 35,7 J/mm^3 , respetivamente. Uma vez que as densidades energéticas das misturas que contêm DMC diminuem e os parâmetros de funcionamento do motor não são ajustados, a potência do motor é reduzida de forma correspondente quando são utilizadas misturas DMC-diesel, mas com o aumento do teor de oxigénio o calor libertado devido à combustão adequada do combustível compensa uma densidade energética. O gráfico mostra que o BHP aumenta com o aumento da % de DMC e que a DMC15 é máxima, o BHP a DMC20 diminui devido à diminuição da densidade energética do combustível.

1.1.2 Efeito na eficiência térmica do travão (η)

O rendimento térmico de um motor é definido como o rácio entre a potência produzida e a energia química fornecida sob a forma de combustível. Pode basear-se na potência de travagem ou na potência indicada. É a verdadeira indicação da eficiência com que a energia química do combustível (entrada) é convertida em trabalho mecânico. O rendimento térmico também é responsável pela eficiência da combustão, ou seja, pelo facto de a totalidade da energia química do combustível não ser convertida em energia térmica durante a combustão.

Eficiência térmica da travagem = [(BHP*3600)/ (Mf * LCV)] * 100

Em que, PCI = Poder calorífico do combustível, kJ/kg, e Mf = Massa de combustível fornecido, kg/seg.

Gráfico 4.2 Variação da eficiência térmica do travão (η) com a variação da carga

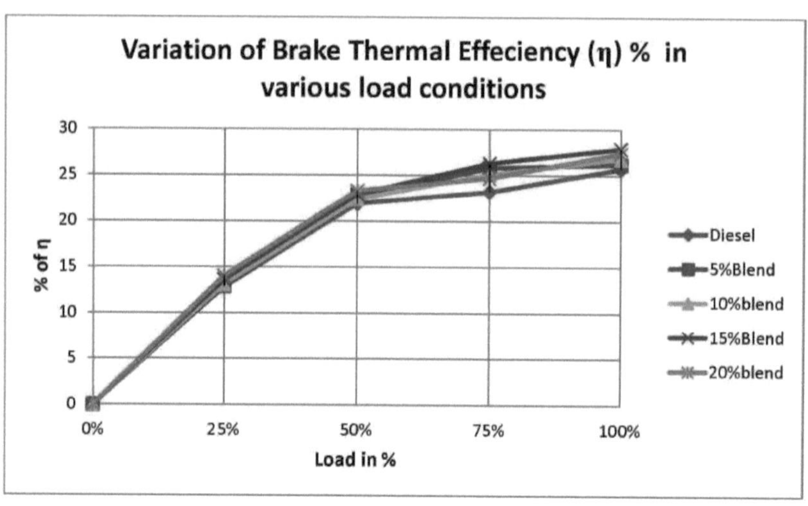

O gráfico 4.2 mostra a variação da eficiência térmica do travão (BTE) em função da carga para misturas de gasóleo e DMC. A eficiência térmica do travão aumenta com o aumento da percentagem de DMC. A plena carga, as misturas de 5%, 10%, 15% e 20% de DMC produzem uma eficiência térmica do travão 1,9%, 4,1%, 7,8% e 6,2% superior à do gasóleo, respetivamente. A melhoria deve-se ao aumento da combustão a volume constante e ao maior aumento de moléculas por injeção de combustível, o que leva a uma melhor eficiência de combustão, especialmente a cargas mais elevadas. Assim, o gráfico mostra claramente que o DMC15 dá bons resultados em termos de eficiência térmica de travagem em comparação com todas as outras misturas.

1.1.3   Efeito no consumo específico de combustível ao travão (BSFC)

O consumo específico de combustível ao travão é definido como a quantidade de combustível consumida por cada unidade de potência de travagem desenvolvida por hora. É uma indicação clara da eficiência com que o motor desenvolve a potência a partir do combustível.

Consumo específico de combustível no travão (BSFC) = Mf/BHP

Sendo Mf = Massa de combustível fornecido, kg/seg., e

BHP é a potência de travagem.

Este parâmetro é amplamente utilizado para comparar o desempenho de diferentes motores.

Gráfico 4.3 Variação do consumo específico de combustível ao travão (kg/kWHr) com a variação da carga

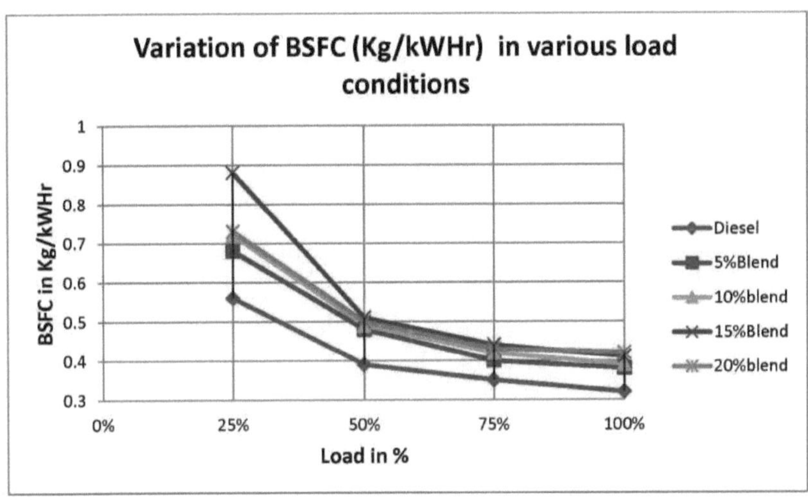

A variação da BSFC com a carga para diferentes misturas e cargas é apresentada no gráfico 4.3. Observa-se no gráfico que o BSFC para todas as misturas de combustível testadas diminui com o aumento da carga. Isto deve-se ao aumento percentual mais elevado da potência de travagem com a carga, em comparação com o aumento do consumo de combustível. Para o DMC5, o BSFC é quase igual ao do gasóleo. Para misturas com combustível oxigenado superiores a 10%, observou-se que o BSFC é superior ao do gasóleo. Assim, conclui-se que o combustível é completamente queimado no momento certo no cilindro do motor. Isto pode dever-se à presença de oxigénio no DMC que permite a combustão completa e o efeito negativo do aumento da viscosidade não teria sido iniciado. No entanto, à medida que a concentração de DMC na mistura aumenta, o BSFC aumenta para todas as cargas e o aumento percentual é maior em cargas baixas. Isto pode dever-se ao elevado caudal mássico de combustível que entra no motor.

1.1.4   Efeito no consumo específico de energia no travão (BSEC)

O consumo específico de energia do travão é definido como a quantidade de energia consumida por cada unidade de potência de travagem desenvolvida por hora. É a indicação com que a energia é consumida.

Consumo de energia específico do travão (BSEC) = BSFC*LCV

49

Em que VCL = poder calorífico inferior do combustível, kJ/kg, e

BSFC é o consumo específico de combustível na travagem

Gráfico 4.4 Variação do consumo específico de energia no freio (Kj/kWhr) com a variação da carga

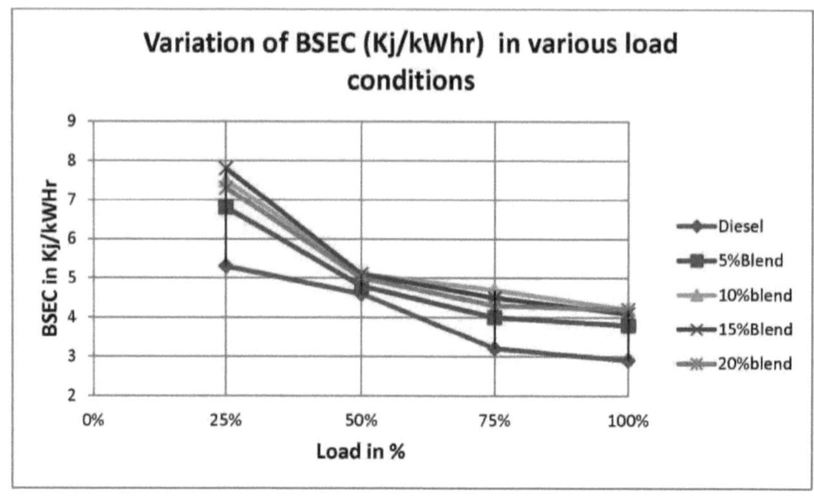

A variação das CEMF com a carga para diferentes misturas e cargas é apresentada no gráfico 4.4. Observa-se no gráfico que o BSEC para todas as misturas de combustível testadas diminui com o aumento da carga, exceto para o combustível de base a 50% da carga. Isto deve-se ao aumento percentual mais elevado da potência de travagem com a carga, em comparação com o aumento do consumo de combustível. Para o DMC5, o BSEC é ligeiramente superior ao do gasóleo. Para misturas com combustível oxigenado superiores a 10%, observou-se que a BSEC era superior à do gasóleo, o que se deve ao facto de a combustão completa do combustível ter lugar com a adição de oxigénio, o que aumenta o consumo de combustível.

1.1.5 Efeito na temperatura dos gases de escape (EGT)

O gráfico 4.5 mostra a variação da temperatura dos gases de escape (EGT) em função da carga. Em geral, a temperatura dos gases de escape aumenta com o aumento do teor de oxigénio.

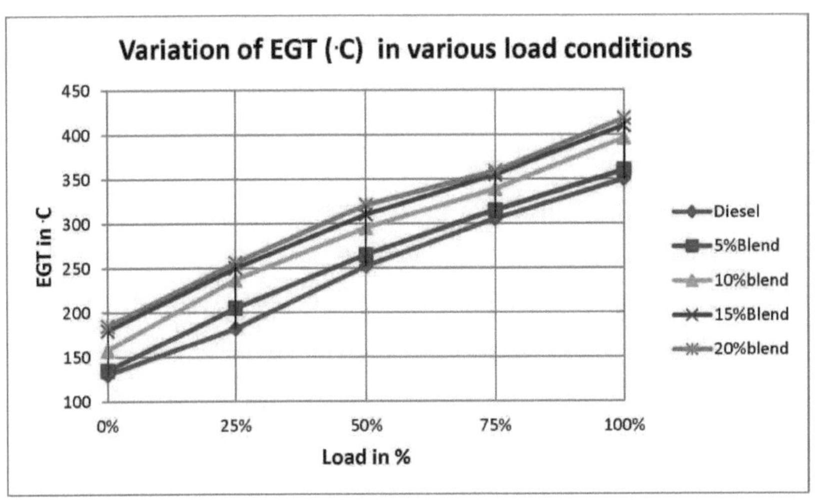

Gráfico 4.5 Variação da temperatura dos gases de escape (· C) com a alteração da carga

A presença de oxigénio adicional nas misturas aumenta sempre a possibilidade de queimar as partículas de carbono nos gases de escape, o que resulta numa temperatura mais elevada dos gases de escape, que também aumenta com o aumento da percentagem das misturas no combustível de base. Em condição de carga máxima, a mistura DMC20 produz uma temperatura dos gases de escape 68· C mais elevada do que o diesel simples.

4.4   Caraterísticas das emissões

Os fumos e outras emissões de gases de escape, como óxidos de azoto, hidrocarbonetos não queimados, etc., são incómodos para o ambiente público. Com a ênfase crescente no controlo da poluição atmosférica, estão a ser envidados todos os esforços para as manter tão baixas quanto possível. O fumo é uma indicação de combustão incompleta. Limita o rendimento de um motor se o controlo da poluição atmosférica for considerado. As emissões de gases de escape tornaram-se ultimamente uma questão de grande preocupação e, com a aplicação da legislação sobre a poluição atmosférica em muitos países, tornou-se necessário considerá-las como parâmetros de desempenho. Assim, esta rubrica avalia as emissões de fumos e de gases de escape.

4.4.1   Efeito sobre o CO

51

O gráfico 4.6 mostra as emissões de CO. Numa base de CO por unidade de combustível, as emissões de CO diminuem à medida que a % em peso de oxigénio aumenta, para cada carga, para as misturas DMC-diesel com 5 % em peso e 10 % em peso de oxigénio, a alteração não é grande, mas com o aumento da % a diminuição é significativa.

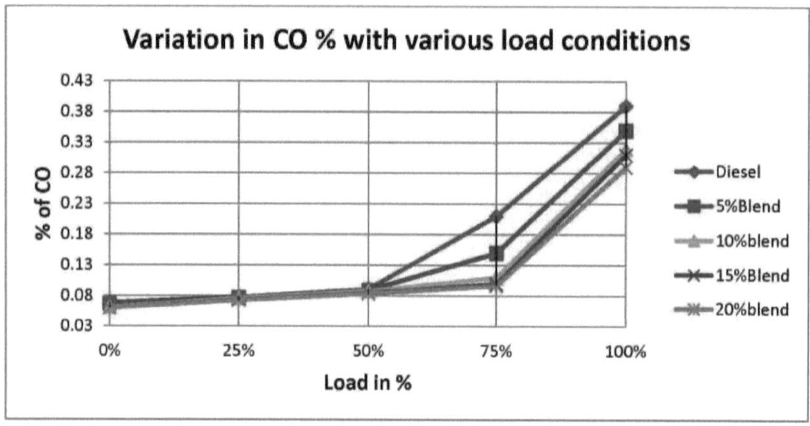

Gráfico 4.6 Variações na % de CO com várias condições de carga

Em geral, o CO aumenta com o aumento da carga, mas também a quantidade de CO diminui com a adição de oxigénio. A diminuição do CO mostra a alteração das reacções químicas envolvidas na combustão de um combustível oxigenado.

4.4.2 Efeito sobre os HC

Na combustão ideal, o ar mistura-se completamente com o combustível atomizado. A realidade é diferente; existem zonas que são deficientes em oxigénio. No entanto, estas zonas sofrem o aquecimento da combustão, o que leva à decomposição térmica. Esta decomposição pode criar cadeias de hidrocarbonetos de menor comprimento e HCs potencialmente tóxicos. A variação da emissão de HC para diferentes misturas a várias cargas é indicada no gráfico 4.7.

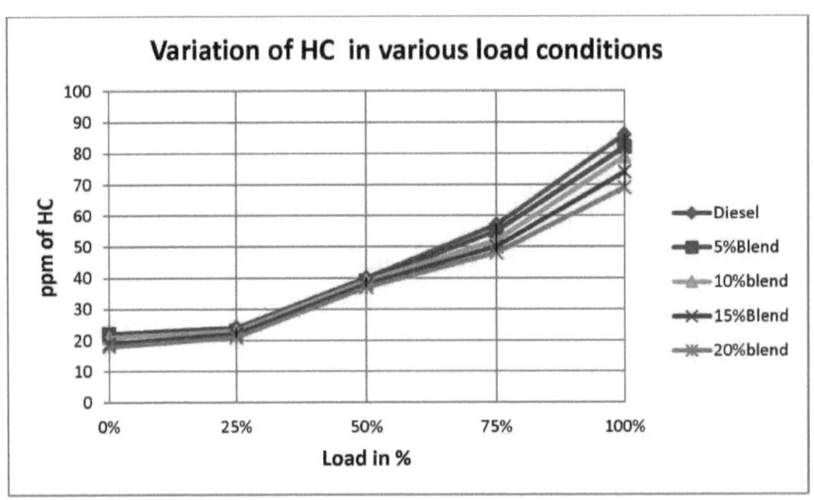

Gráfico 4.7 Variação de HC % em várias condições de carga

O oxigénio contido no combustível contribui para a redução das emissões de hidrocarbonetos. medida que a proporção de oxigénio é aumentada, a redução dos HC aumenta devido ao aumento do DMC na mistura. Como o número de cetano do combustível à base de ésteres é superior ao do gasóleo, apresenta um período de retardamento mais curto e resulta numa melhor combustão que conduz a baixas emissões de HC. Também o oxigénio intrínseco contido na mistura de DMC foi responsável pela redução das emissões de HC.

4.4.3 Efeito no CO_2

A emissão de CO_2 aumentou com o aumento da carga para todas as misturas. O gráfico 4.8 mostra o efeito no CO2 com a alteração das condições de carga. Em geral, a % de CO2 diminui com o aumento da quantidade de oxigénio na mistura DMC-diesel. Isto deve-se ao facto de que um maior teor de oxigénio que entra no cilindro para combustão com o combustível ajuda a queimar completamente o combustível e diminui o nível de carbonos não queimados nas emissões. A menor percentagem de misturas de gasóleo emite menos quantidade de CO_2 em comparação com o gasóleo. Isto deve-se ao facto de o gasóleo ser um combustível com baixo teor de oxigénio e ter uma relação carbono elementar/hidrogénio inferior. Utilizando misturas de gasóleo com maior teor de oxigénio, observou-se uma diminuição das emissões de CO_2 , o que se deve à combustão completa, como explicado anteriormente.

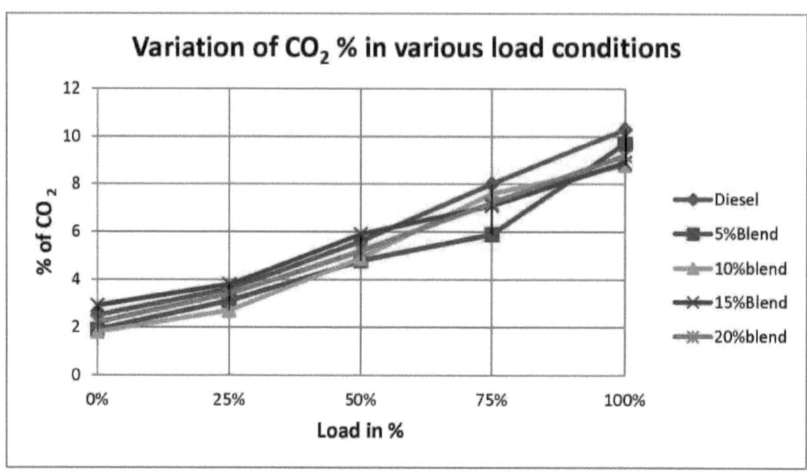

Gráfico 4.8 Variação da % de CO2 em várias condições de carga

4.4.4   Efeito no O2

A quantidade de oxigénio nas emissões de escape não é de grande importância no estudo da análise das emissões, uma vez que não é um gás nocivo, mas como é uma necessidade de todos os seres humanos, quanto maior for a percentagem de oxigénio no escape, mais limpo será o escape. O gráfico 4.9 mostra a variação do nível de oxigénio com a alteração das condições de carga. O teor de oxigénio nas emissões aumenta com o aumento da quantidade de DMC na mistura. Isto deve-se ao facto de mais oxigénio ser útil para a combustão completa do combustível na câmara de combustão.

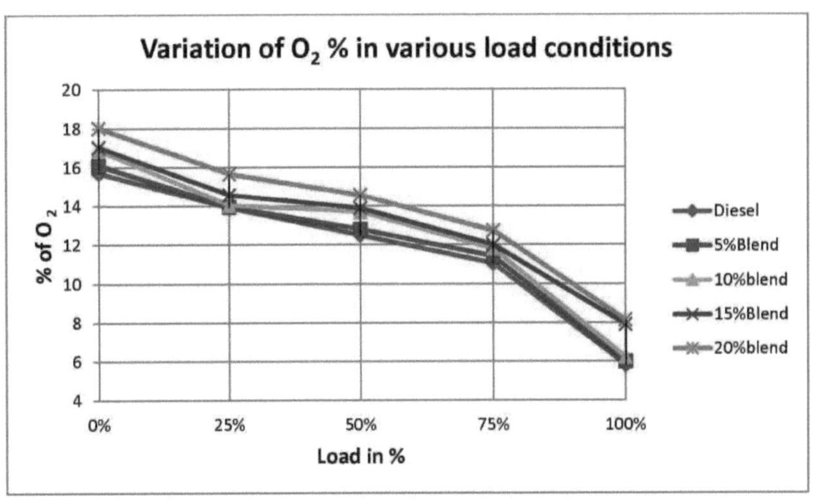

Gráfico 4.9 Variação da % de O2 em várias condições de carga

4.4.5 Efeito no fumo

As emissões de fumo ou de partículas são motivo de preocupação por razões de saúde, ambientais, legislativas e estéticas. O gráfico 4.10 mostra os níveis típicos de fumo para várias cargas do motor com.

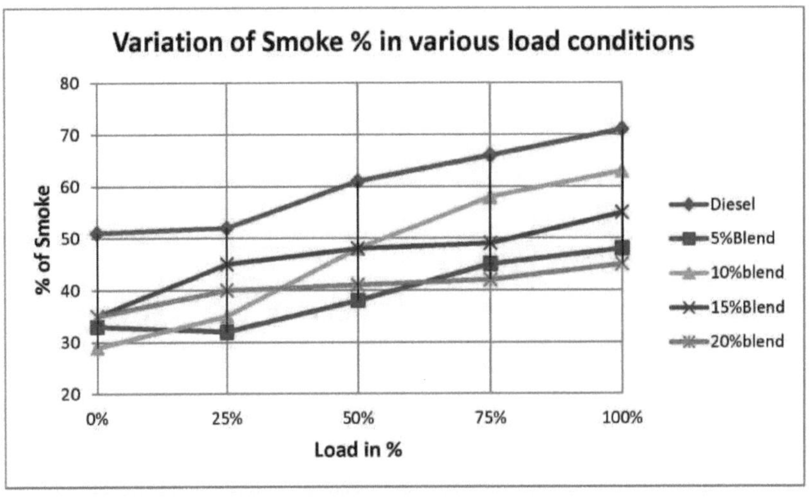

Gráfico 4.10 Variação da % de fumo em várias condições de carga

55

É possível verificar que todos os combustíveis oxigenados produzem níveis de fumo inferiores aos dos seus homólogos diesel para as condições de carga e velocidade correspondentes. Comparando as misturas DMC, é também plausível que, à medida que os níveis de oxigénio no combustível aumentam, os níveis de fumo diminuem. O gráfico confirma claramente que a oxigenação reduz a quantidade total de fumo e, por uma margem mais significativa, reduz o número total de partículas de carbono.

4.5 Comparação entre o gasóleo e a mistura de combustível DMC

De acordo com os estudos efectuados por outros investigadores, é mais eficaz reduzir os fumos de escape adicionando oxigenados ao gasóleo. Este facto foi confirmado neste artigo. O gráfico 4.11 e o gráfico 4.12 ilustram as emissões de fumo do motor alimentado com gasóleo puro e mistura de gasóleo DMC (DMC20) em diferentes condições de carga. A adição de DMC ao gasóleo altera as propriedades físico-químicas das misturas.

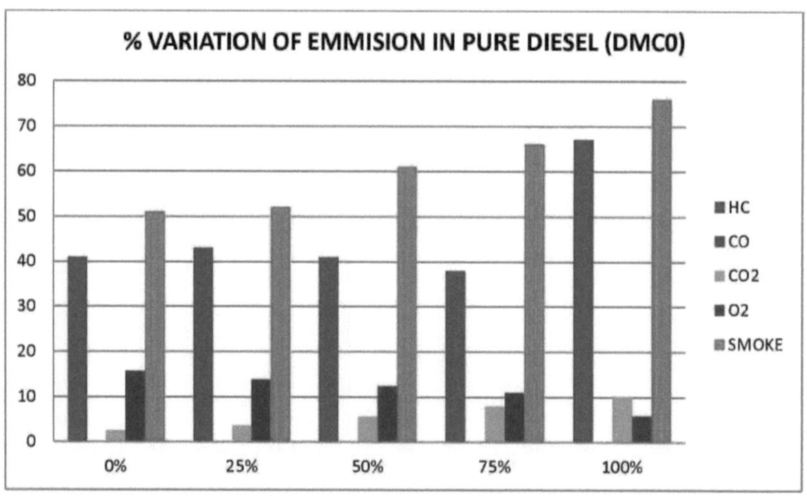

Gráfico 4.11 Variação das emissões de escape do gasóleo puro em condições de carga variáveis

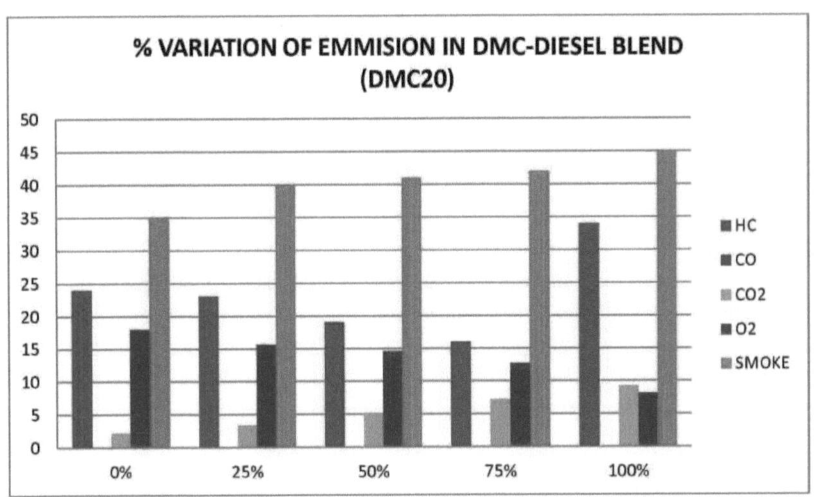

Gráfico 4.12 Variação dos gases de escape na mistura DMC-Diesel (DMC20) com condições de carga variáveis

A densidade energética das misturas diminui com o aumento da DMC. Enquanto o teor de oxigénio das misturas aumenta, resultando em alguns efeitos favoráveis na combustão das misturas. As emissões de fumo e CO podem ser notavelmente reduzidas com a adição de DMC ao gasóleo, especialmente a cargas mais elevadas. A redução máxima de fumos é de cerca de 58,8% quando abastecido com DMC15 em condições de carga máxima.

A comparação dos dois gráficos mostra que a emissão de gases de escape diminuiu de forma notável. O valor de todas as partículas no escape foi reduzido. Verifica-se uma redução significativa da emissão de HC no caso de uma mistura de 10% de DCM, conforme observado no gráfico. Esta tendência para a diminuição das emissões aumenta com a carga do motor. No gráfico, pode observar-se uma melhor tendência decrescente no caso da emissão de CO a cargas parciais e, de qualquer modo, a tendência continuou no funcionamento a plena carga do motor. A emissão de NOx também diminuiu em função do aumento da carga do motor. Verifica-se uma diminuição inteligente de NO em funcionamento a plena carga para uma mistura de 10% de DCM. Pode inferir-se que não há compromisso entre as emissões de HC e as emissões de NO com esta aplicação. Os níveis de fumo diminuíram obviamente com a mistura no contexto da disponibilidade de oxigénio. Curiosamente, os níveis de dióxido de carbono diminuíram quando comparados com o funcionamento do petrodiesel devido aos níveis mais baixos de carbono nas moléculas de carbonato de dimetilo, comparativamente.

Com os resultados apurados, a mistura de 10% de DCM com gasóleo produziu melhores resultados do que o gasóleo convencional e o gasóleo, especialmente no aspeto das emissões do tubo de escape.

CAPÍTULO 5
CONCLUSÃO E ÂMBITO FUTURO

5.1 Conclusão

Os fabricantes de motores e veículos a gasóleo estão a enfrentar uma pressão contínua devido aos regulamentos governamentais para reduzir as emissões dos motores e dos veículos. Os regulamentos estabelecidos para 2014 estão atualmente fora do alcance da tecnologia atual. Por conseguinte, os fabricantes estão a recorrer à adaptação de uma abordagem de sistema total para a redução das emissões, implementando tecnologias de pré-combustão, incilindro e pós-combustão para cumprir estes níveis de emissões. O foco desta investigação envolveu o estudo de uma abordagem de pré-combustão, através da modificação do combustível. Foi demonstrado que o carbonato de dimetilo (DMC) reduz as emissões de partículas quando queimado num motor de ignição por compressão. O carbonato de dimetilo é considerado um composto oxigenado que pode ser misturado com ou utilizado como combustível. No entanto, quando se utiliza o DMC como combustível, há alguns desafios que têm de ser ultrapassados para se conseguir um funcionamento ótimo do motor. Estes desafios incluem alterações na quantidade e no tempo de injeção de combustível, bem como a redução das propriedades lubrificantes do combustível nos injectores. Para atender à necessidade de lubrificação nos injectores de combustível, foi teorizado que o DMC poderia ser misturado com gasóleo para manter a qualidade do combustível necessária ao sistema de combustível. No entanto, não se sabe qual é a quantidade mínima de qualidade lubrificante que os injectores de combustível, em particular, podem acomodar e durante quanto tempo.

A mistura do DMC com o gasóleo proporciona o que é normalmente designado por mistura de combustível oxigenado. O carbonato de dimetilo contém oxigénio na sua estrutura molecular. Muitos investigadores demonstraram que a mistura de um combustível oxigenado com um combustível para motores diesel permite reduzir as partículas nos gases de escape. Uma vez que o DMC demonstrou reduzir as emissões de partículas quando utilizado puro, foi teorizado que haveria alguma redução das emissões quando misturado com gasóleo. Um motor diesel e um sistema de combustível foram modificados com o objetivo de utilizar misturas pressurizadas de DMC e combustível diesel. Foram colocados instrumentos no motor e no sistema de combustível para que os dados pudessem ser registados em voo para observação em tempo real, bem como para análises futuras. O objetivo da recolha de dados era fornecer informações que pudessem ser utilizadas para modificar o motor da sua configuração de produção para melhorar o desempenho e as emissões com

59

as várias misturas de combustível. A investigação continua a testar e a analisar os efeitos dos oxigenados, especificamente as misturas de gasóleo DMC, na composição das emissões dos motores diesel. Os resultados desta investigação conduzem às seguintes conclusões:

- As misturas DMC-gasóleo podem ser utilizadas para alimentar um motor de ignição por compressão, utilizando um sistema de combustível. O motor funciona de forma semelhante com a mistura DMC-gasóleo e com o gasóleo, como se pode ver nos dados de estabilidade do motor

- Foi demonstrado que o DMC reduz as emissões de partículas de um motor diesel DI. Com a adição de oxigénio contido no combustível, estão presentes CO e CO2 adicionais no processo de combustão. Isto levou a concluir que este nível mais elevado de CO impede a formação de precursores de fuligem na chama pré-misturada, o que reduz a formação de partículas.

- Observou-se também que ocorrem pequenas reduções de NOx ao longo do mapa de funcionamento do motor.

- Com base neste ensaio inicial, não é possível determinar o efeito do DMC na durabilidade do motor. Nenhum dos dados recolhidos sugere que o ensaio do motor tenha degradado o funcionamento do injetor. O motor funcionou durante cerca de 50 horas no total, com um teor de DMC de pelo menos 5% no combustível durante metade desse tempo.

As conclusões da investigação realizada até agora conduzem a recomendações para trabalhos futuros, a fim de melhorar o funcionamento do motor, separando melhor as variáveis que afectam o desempenho e as emissões do motor.

5.2 Recomendações para investigação futura

Embora tenha sido demonstrado que o DMC pode ser utilizado em combinação com o combustível para motores diesel num motor de ignição por compressão, a mistura de combustível e o funcionamento do motor podem ser ainda mais optimizados para melhorar as emissões e a durabilidade do motor a longo prazo. Isto envolve vários factores, incluindo o aumento do teor de DMC na mistura, até ao ponto em que o motor pode ainda produzir velocidade e carga aceitáveis, com emissões melhoradas para um tempo de vida aceitável do motor e dos injectores de combustível.

Deve notar-se que, uma vez que o combustível está a ser utilizado num motor, existem não só efeitos químicos do combustível e alterações no combustível à medida que a mistura é alterada, mas também efeitos mecânicos do motor, alguns dos quais resultam da alteração das misturas de combustível. Por conseguinte, um estudo mais aprofundado das emissões do motor depende da compreensão dos vários efeitos químicos e mecânicos.

Este trabalho de investigação ajudou a identificar muitos dos efeitos químicos e mecânicos. As alterações nas misturas de combustível estão relacionadas com alterações nas propriedades da mistura de combustível. Por conseguinte, acima de um determinado nível de mistura, é necessário ajustar o sistema de controlo do motor para obter um melhor atraso da ignição em conjunto com a regulação correta do motor. Para efetuar esta otimização, seria importante saber como se alteram as propriedades do combustível que afectam o atraso da ignição. Além disso, e mais significativamente, a compressibilidade do combustível está a mudar com o aumento do teor de DMC, que tem uma relação desconhecida com o atraso da ignição. Além disso, as misturas de combustível têm um efeito desconhecido no desgaste do motor e do injetor e na taxa de desgaste, incluindo materiais metálicos e poliméricos. Por conseguinte, o trabalho futuro deve ser dividido em várias secções:

1. Estudos das propriedades dos combustíveis

Para ajudar a explicar as alterações na libertação de calor das misturas DMC-gasóleo, é importante compreender como as misturas DMC-gasóleo mudam de compressibilidade à medida que o teor de DMC é aumentado numa gama de temperaturas. Além disso, não é claro se uma alteração na viscosidade ou lubricidade com o aumento do teor de DMC está a afetar o desgaste e a taxa de desgaste nos injectores.

2. Otimização do motor para desempenho e emissões

Para determinar as condições óptimas de funcionamento do motor, deve ser estabelecida uma rede óptima de condições para orientar a otimização do motor em termos de desempenho e emissões. Isto seria conseguido tanto experimentalmente como através de análise computacional, e confirmado experimentalmente.

3. Otimização do motor para durabilidade

Para determinar a capacidade de durabilidade do motor e do sistema de combustível, podem ser efectuadas muitas alterações no motor e a experiência pode ser realizada num motor multicilindro, podendo também ser utilizado um turbo e estudado o efeito do DMC.

Printed by Books on Demand GmbH, Norderstedt / Germany